不用雞蛋、乳製品、白砂糖 完美復刻經典必吃甜點

純植甜點
素學研究室

Dragon Michiko

山口道子

U0056717

瑞昇文化

前　言

我從小喜歡做甜點，也喜歡吃甜點，沒想到長大後連工作也與甜點息息相關。不過，我經手的向來是一般西式甜點，直到大約 10 年前，我才初次邂逅純植物性食材打造的純素甜點。開始接觸純素甜點的契機是我有個朋友是純素食者，雖然喜歡甜食，卻礙於市面上沒有太多純素甜點，想選擇也沒得選，於是我便有了製作純素甜點的想法。

當時的相關資訊非常少，初次製作的純素甜點也與我們一般熟悉的甜點相去甚遠。究竟是為什麼呢？這個單純的疑問激發了我的研究魂。

對身體溫和且不會造成負擔固然重要，但滿足這個條件的同時，味道和外觀也絕對不能馬虎。如同使用雞蛋、奶油、牛奶等製作出來的美味甜點，我希望能製作出令人讚不絕口的幸福純素甜點。以純素的方式呈現甜點的美妙滋味和華麗外觀。雖然歷經無數次失敗，卻也因此有許許多多的新發現，基於這樣的體驗，我才能製作出滿意的純素甜點。純素甜點的特色是能夠清楚感受到食材原味，而且後味清爽又令人回味無窮！身邊的純素好友和葷食好友都讚不絕口，信心大增的我便在 2018 年創立了一家名為「Dragon Michiko」素食甜點專賣店。

其實我不會特別強調店裡的甜點是純素甜點，因為最重要的是「美味好吃」。我的理念是打造讓人不會特別意識純素與否，而是一吃就覺得驚艷的純素甜點。書中介紹的每一樣甜點，作法都非常簡單，種類多樣化且各有各的優點，希望能讓大家有純素甜點真是不錯，今天好想吃個純素甜點的美好感受。

純植甜點素學研究室

目錄

・烤箱溫度和烘烤時間只是參考依據。不同的熱源和機種型號會造成些許差異，請大家務必觀察實際情況並稍做調整。本書使用瓦斯烤箱。

・蛋糕和馬芬出爐時，務必拿竹籤確認。將竹籤插進蛋糕體中央，竹籤上沒有任何沾黏就完成了。

・選擇未使用防腐劑且不上蠟的檸檬和柳橙。

・食材欄中標示「淨重」，是指去掉皮、核、種子後，實際使用的部分重量。

美術設計　　關宙明（MR・UNIVERSE）
攝影　　　　松村隆史
編輯　　　　萬歲公重
製作助理　　井上美希（柴田書店）

Dragon Michiko

甜點種類

1
無論純素者
或非純素者
都覺得美味可口！

所有甜點製作過程中皆不使用雞蛋、奶油、牛奶、鮮奶油乳製品等動物性食材，以完全植物性食材來製作「純素」甜點。另外也不使用白砂糖，改採用對身體負擔較小的原料製作。味道雖然相對溫和，卻如同一般西式糕點具有濃郁的質地和口感，外觀乾淨俐落又充滿魅力。以大家熟悉的烘焙甜點為主，再加上招牌的雞蛋牛奶布丁，在本書中將改以純素食材重新完美呈現！兼具滿足感與清爽口感，讓人不禁想親手製作送給至親好友。

2
讓人想一做再做的
簡單食譜

一個複雜的食譜不僅難以突顯食材美味，製作過程中既容易出錯又不容易善後，所以本書使用盡可能省略繁瑣步驟的簡單食譜。另外，模具方面也使用全家大小容易食用的尺寸，非常適合親子間在家動手做蛋糕。而即便是初學者也能輕鬆上手。

3

以一年四季都能取得的食材為主

「Dragon Michiko」專賣店會使用當季才有的食材製作甜點，但本書為了方便大家能夠隨時製作甜點，盡量以一年四季都能輕鬆取得，以及現下流行且深受大眾喜愛的材料為主。只要備齊基本食材，便能在任何時候製作各式各樣的甜點。

4 簡單易懂的「基本」

每個章節都有一種「基本」款的食譜，以非常詳細的方式解說製作過程。製作各章節的甜點之前，請務必確認各章節的基本款，瞭解各種甜點製作方式的特徵與訣竅。

5 原味款與變化款

在蛋糕、馬芬和司康章節中，除了介紹原味麵團的製作方式，還另外提供數種可依個人喜好自行添加食材的製作方式。部分蛋糕種類也可以透過更換模具形狀來改變造型。製作司康時，除了使用模具外，也會介紹如何直接使用湯匙製作滴落式司康的方法。

6 美味可口的祕訣大公開

在不使用雞蛋和奶油等的情況下，如何打造美味甜點的祕訣。聊一聊隱藏在食譜裡的想法與用心良苦，讓美味的創意能夠真正活用在實際的甜點上。

7 新鮮食材為美味加分

使用新鮮的食材可以讓甜點更美味，同時也為了讓身邊最重要的親友能夠吃到最天然、健康的食物。以有機食材為中心，挑選能夠令人回味無窮的材料（主要材料品牌列舉於 P.92，僅供大家參考）。無須勉強使用一模一樣的材料，最重要的是凡事勿過度執著且挑剔，盡情享受製作甜點的樂趣！

使用這些材料

低筋麵粉

豆漿

麵團的基本原料。選擇安全且安心
的日本國產小麥麵粉,並且挑選風
味與口感較為輕盈的品牌。

使用固態大豆量 9% 以上的無調整
豆乳。為避免過於濃厚的豆子味,
選擇固態大豆量不會太高且清爽的
品牌。

一般西式甜點的基本材料包含低筋麵粉、雞蛋、奶油、砂糖。但純素甜點完全不使用雞蛋和奶油，所以關鍵在於如何以植物性材料置換動物性材料。說到雞蛋和奶油的主要成分，雞蛋是蛋白質、脂肪和水分，奶油則是脂肪和水分。雖然無法完全取代，但可以使用豆漿和植物油來補足蛋白質和脂肪、水分。基於這樣的思考模式，書中絕大多數的食譜皆以下列 4 種材料為主軸。

本 材 料

太白胡麻油

使用植物油中味道較為不強烈的太白胡麻油。芝麻不經烘焙翻炒，而是以壓榨方式製造，透明度高且味道清香，不會有濃郁芝麻味蓋過食材的問題。

甜菜根糖

不使用白砂糖，而使用血糖上升速度中等且對身體負擔較小的甜菜根糖。以甜菜（糖用甜菜）為原料，富含礦物質，甜味溫和。本書使用容易溶解的粉末甜菜根糖，如果不易取得，也可以改用蔗砂糖。

輔助基本材料的 6 種素材

其次是 6 種輔助材料。
搭配基本材料一起使用，
讓甜點的風味與口感更具多樣化。

高筋麵粉

全麥麵粉

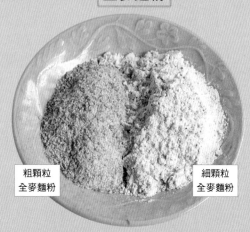

粗顆粒
全麥麵粉

細顆粒
全麥麵粉

高筋麵粉的蛋白質比低筋麵粉多，
所以形成的麵筋彈性會比較強，搭
配低筋麵粉一起使用，可以讓麵團
更加鬆軟。無論高筋麵粉或全麥麵
粉，都選用日本國產品牌。

整顆小麥研磨的全麥麵粉。本書使用高筋全麥
麵粉。具獨特芳香氣味且口感較為硬脆。我通
常會使用細顆粒的全麥麵粉製作馬芬和蛋糕，
使用粗顆粒的全麥麵粉製作司康，但大家可以
隨意，不用過於講究。

杏仁粉

製作蛋糕時，主要使用去皮的杏仁粉。因為富
含脂肪，香氣和味道較為濃郁，而且麵團相對
濕潤。

發粉

幫助麵團膨脹的膨脹劑。使用不含鋁發粉。

椰奶

含較多水分和脂肪，可用於補足豆乳所欠缺的濃郁感，尤其是製作馬芬的時候。椰奶的味道溫和，不會有過於強烈的椰子味。冬天時若發生油水分離的情況，可用隔水加熱方式使其均勻後再使用。沒有用完的情況下，置於密封容器中並冷藏，建議於 2 天內使用完畢。或者冷凍保存。

楓糖漿

深色楓糖漿

金色楓糖漿

熬煮楓樹汁液製作成甘味料。不僅具有獨特的濃郁甜味，和甜菜根糖加在一起使用時還可以增加甜味深度。想要強調烘焙甜點的色澤與風味時，我會使用深色楓糖漿，而製作顏色較淡且風味精緻的布丁時，我則使用金色楓糖漿。單純使用一種容易取得的楓糖漿也 OK。

其他各種材料

列舉數種出現次數較多的材料。

鹽

鹽能抑制苦味，加強甜味。使用富含礦物質且味道圓潤的粗鹽（海鹽）。

檸檬汁

主要用於製作蛋糕。最近市面上有不少瓶裝有機檸檬汁，方便取得也容易使用。

洋酒

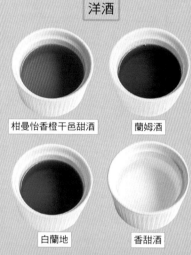

柑曼怡香橙干邑甜酒　　蘭姆酒

白蘭地　　香甜酒

主要用於增加濕潤度與香氣。不同種類的洋酒各有獨特風味，各食譜中亦有標示建議使用的洋酒種類，但基本上任何一種洋酒都適用，只準備一種也可以。

香草精

萃取自香草豆莢的天然香料。增添甜點的香氣。

巧克力

完全不使用乳製品和白砂糖所製作的巧克力，可可成分61%。大家可以依個人喜好選擇巧克力。另外，可可粉也是完全不含乳製品和砂糖。

堅果

核桃　　　　　　　　腰果

榛果
（烘烤後去皮狀態）

杏仁　　　　夏威夷豆

使用充滿香氣和清脆口感的堅果來點綴甜點。本書使用5種堅果，但大家可依個人喜好更換成其他種類的堅果。建議將所有堅果一起烘烤（量多的情況下，以160℃的烤箱烘烤15分鐘），烘烤後冷凍保存，方便製作甜點時可立即取用。

使用工具

簡單的食譜使用簡單的工具。

基本烘焙工具

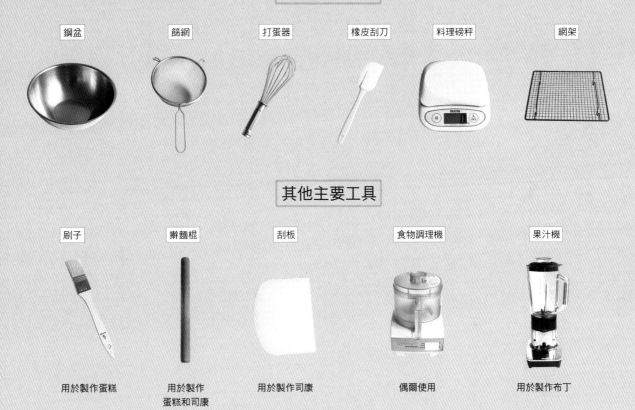

| 鋼盆 | 篩網 | 打蛋器 | 橡皮刮刀 | 料理磅秤 | 網架 |

其他主要工具

| 刷子 | 擀麵棍 | 刮板 | 食物調理機 | 果汁機 |

用於製作蛋糕　　用於製作　　　用於製作司康　　偶爾使用　　　用於製作布丁
　　　　　　　　蛋糕和司康

鋼盆

盛裝過篩後的麵粉並製作麵團，為避免麵粉四處飛濺，建議使用直徑 24 cm左右的大型鋼盆。

篩網

使用手持式篩網。過篩低筋麵粉和全麥麵粉、切碎的堅果時，雖然大顆粒會留在篩網裡，但最後還是要全部倒入鋼盆中。

橡皮刮刀

製作布丁時必須邊攪拌邊加熱，所以要選用耐熱橡皮刮刀。

料理磅秤

使用電子料理磅秤的話，能夠將鋼盆擺上去後再校整為0公克，依序量秤材料時更加方便。

食物調理機

除了可以同時將數種食材切細碎，也可以在製作「古典巧克力蛋糕」（P.40）、「覆盆子巧克力蛋糕」（P.42）時用於將食材攪拌均勻。

果汁機

製作布丁時，用於將所有食材攪拌均勻。以食物調理機取代也可以。

製 作 方 法

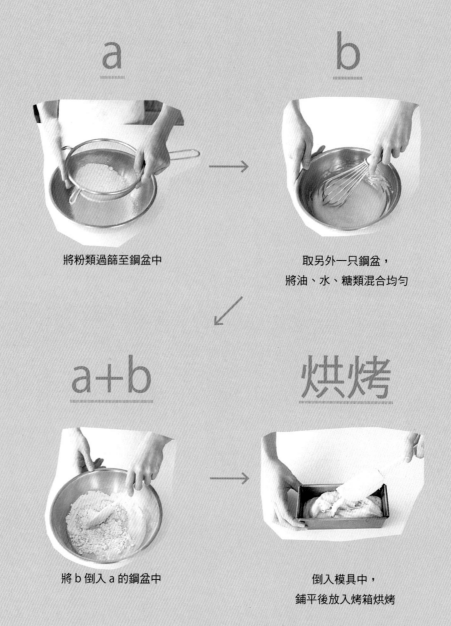

a

將粉類過篩至鋼盆中

b

取另外一只鋼盆，
將油、水、糖類混合均勻

a+b

將 b 倒入 a 的鋼盆中

烘烤

倒入模具中，
鋪平後放入烤箱烘烤

雖然布丁的作法不太一樣，但製作甜點的基本要領如上所述。將 a 和 b 混合在一起後，再加入其他材料，或者先將糖類和 a 混合在一起。雖然作法多樣化，但無論哪一種都非常簡單！

有些甜點只需要一個鋼盆就能完成。再加上不使用雞蛋和奶油，完全不需要花費時間等奶油回溫，也不需要打發蛋液、奶油等技巧。事後的整理和清洗相對輕鬆許多。

甜
點
食
譜

chapter 1

蛋糕 ^{c a k e}

美味的祕訣

◎杏仁粉增添濕潤口感

書中介紹的蛋糕，大部分是基於奶油蛋糕（磅蛋糕）麵團的概念去製作。
就算不使用奶油，只要添加杏仁粉，同樣能製作口感輕盈、充滿濃郁香氣、
如同加入奶油般濕潤的麵團。

◎高筋麵粉增加口感

在低筋麵粉中添加少量高筋麵粉，
就算不使用雞蛋，也能製作出具鬆軟口感的麵團。

◎檸檬汁是打造「奶油感」的訣竅

製作奶油過程中加入乳酸菌，讓奶油進行輕發酵的發酵奶油，
最大特色是帶有些許酸味和香醇風味。
添加檸檬汁可以突顯這種發酵感，讓純素蛋糕更具奶油蛋糕的感覺。

◎塗刷洋酒，增添潤澤感

蛋糕出爐後塗刷洋酒，有助預防乾燥且保持濕潤度。
除此之外還可以讓蛋糕滋味更香醇，可說是一石二鳥的好方法。
雖然洋酒的使用量真的不多，但不喜歡酒味的人，可以省略不使用。

Dragon Michiko

磅蛋糕

磅蛋糕

表面酥脆,內部鬆軟。作法簡單,但吃法多樣化。

杏仁的香氣和輕盈且濃郁的口感,相當具有吸引力。

推薦給初次嘗試製作純素甜點的人!

● 材料(17×7×高6㎝的磅蛋糕模具1個分量)

a | 低筋麵粉…115g
高筋麵粉…15g
杏仁粉…20g
發粉…7g
鹽…1g

b | 太白胡麻油…70g
豆漿…80g
甜菜根糖…60g
檸檬汁…5g
香草精…少許

洋酒(柑曼怡香橙干邑甜酒等)…適量

● 事前準備工作

· 取刷子沾太白胡麻油(分量外)塗刷在模具裡,並且於底部鋪一張烘焙紙。

· 烤箱預熱160℃。

1

a 混合一起並過篩至鋼盆中。殘留於篩網裡的杏仁粉也一起倒入鋼盆中。

2

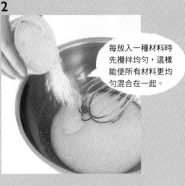

每放入一種材料時先攪拌均勻,這樣能使所有材料更均勻混合在一起。

取另外一只鋼盆,將 b 材料依序倒入鋼盆中,使用打蛋器攪拌均勻。

3

攪拌至甜菜根糖無顆粒感,油脂充分混合而變白。

4

將 3 加入 1 裡面,使用橡皮刮刀粗略攪拌。先在中間以畫 8 字方式攪拌,粉末比較不容易四處飛散。

5

接著以從四周向中間撥動的方式攪拌,然後再從底部向上翻動,充分攪拌均勻。

6

特別注意過度攪拌易使口感變硬。

攪拌至無粉粒,整體均勻融合。

自製具獨創性的磅蛋糕！

只要控制在 40g 以內，可以在「磅蛋糕」麵團裡添加任何自己喜歡的配料。請在留有些許粉末的步驟 **5** 中加入配料。詳細內容請參閱 P.88。

7

用橡皮刮刀將麵糊倒入模具中。再以抹刀或橡皮刮刀將麵團均勻壓入模具四個角落並抹平。

8

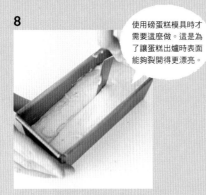

使用磅蛋糕模具時才需要這麼做。這是為了讓蛋糕出爐時表面能夠裂開得更漂亮。

使用抹刀或餐刀在麵團中央劃一刀，深度達底部。

9

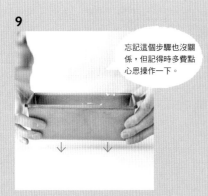

忘記這個步驟也沒關係，但記得時多費點心思操作一下。

將麵團填入至約 5 ㎝ 高，連同模具在桌面上輕敲一下，排除多餘空氣的同時也讓麵團更加平整。

10

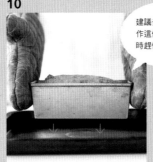

建議多花點時間操作這個步驟。想到時趕快輕敲一下。

放入預熱 160℃ 的烤箱中烘烤 20 分鐘，烤盤前後對調再烘烤 15 分鐘。如同 **9** 步驟，連同模具在烤盤上輕敲一下，排除熱空氣以避免出爐時蛋糕塌陷縮小。

11

趁熱在蛋糕體表面塗刷洋酒。更加濕潤的同時，蛋糕風味也更強烈。趁熱塗刷不僅有助酒精揮發，香氣也能更持久。

12

置涼脫膜並撕掉烘焙紙，在蛋糕體底部和側面塗刷洋酒，然後靜置一旁放涼。在微溫狀態下用保鮮膜包起來，可以預防乾燥。

依個人喜好切成適當厚度，細細品嚐原味磅蛋糕的美妙滋味。建議大家也可以添加一些水果、豆乳奶油等配料。

也可以使用其他類型的模具！

直徑 12 ㎝ 的圓形蛋糕模，或者口徑 15 ㎝ 的咕咕霍夫模。詳細內容請參閱 P.89。

週末蛋糕

這款檸檬風味的清爽蛋糕也是店裡相當受到歡迎的蛋糕之一。
圓潤濃郁的味道好比酸奶油，再加上表面的清脆糖霜，好吃到
讓人一口接一口停不下來。

酥脆外皮比例較多的兩端，以及鬆軟內部
比例較多的中段，大家可以依個人喜好自
行選擇。

● **材料**（17×7× 高 6 ㎝的磅蛋糕模具 1 個分量）

a | 低筋麵粉…115g
　　| 高筋麵粉…15g
　　| 杏仁粉…20g
　　| 發粉…7g
　　| 鹽…1g

b | 太白胡麻油…70g
　　| 豆漿…70g
　　| 甜菜根糖…65g
　　| 檸檬汁…15g
　　| 皮…1/4 顆
　　| 香草精…少許

洋酒（柑曼怡香橙干邑甜酒等）…適量
＊檸檬糖霜…約 1/2 量
開心果（依個人喜好添加。切粗粒）…視情況添加

● **事前準備工作＆製作方法**

1 「磅蛋糕」（P.17）的步驟製作麵團並放入烤箱中烘烤，出爐後塗刷洋
酒。

2 將 **1** 置於網架上，使用橡皮刮刀將檸檬糖霜淋在蛋糕上，再以抹刀或
橡皮刮刀均勻塗抹（請參照 P.23）。最後依個人喜好擺上開心果並置於
一旁晾乾。

也可以使用其他類型的模具！

直徑 12 ㎝的圓形蛋糕模，或者口徑 15 ㎝的咕
咕霍夫模。詳細內容請參閱 P.89。

＊檸檬糖霜

●材料（約 2 個磅蛋糕分量）
甜菜根糖…30g
玉米澱粉…4g
檸檬汁…8g

1 所有材料倒入鋼盆裡，用打蛋器充分攪
拌均勻。置於室溫下 15 ～ 30 分鐘。

2 再次攪拌讓甜菜根糖完全溶解，攪拌至
沒有顆粒感就可以了。若還是無法溶
解，可以再靜置一段時間後再次攪拌。

※ 可以拌入一些切細長條的檸檬皮。就算
沒有開心果點綴，黃色檸檬皮也是不錯
的裝飾。

※ 裝入乾淨的密封容器中，可以冷藏保存
3 天左右。取出時充分攪拌後再使用。

＊草莓糖霜
（用於 P.23）

以 10g 去蒂搗碎的草莓取代檸檬汁，同
「檸檬糖霜」的步驟製作草莓糖霜。保存
方式和期限同檸檬糖霜。

草莓週末蛋糕

草莓版的「週末蛋糕」（P.20）草莓。

草莓牛奶口味加上繽紛的粉紅色，一款充滿浪漫氣息的蛋糕。

使用小型模具烘烤，整體更顯可愛迷人。

直徑 12 cm 的圓形蛋糕模，非常適合用來製作送禮的蛋糕。圓形蛋糕不僅最具儀式感，也因為尺寸小，送禮自用皆適宜。1/4 等分正好是一人份，建議放涼後食用，糖霜口感更加清脆。

● 材料（直徑 12 cm圓形蛋糕模 1 個分量）

a | 低筋麵粉…115g
  | 高筋麵粉…15g
  | 杏仁粉…20g
  | 發粉…7g
  | 鹽…1g

b | 太白胡麻油…70g
  | 豆漿…40g
  | 草莓（去蒂搗碎）…40g
  | 甜菜根糖…60g
  | 檸檬汁…6g
  | 香草精…少許

洋酒（柑曼怡香橙干邑甜酒等）…適量
＊草莓糖霜（P.21）…約 1/2 量
覆盆子碎粒（冷凍覆盆子切成小塊。依個人喜好添加）…視情況添加

● 事前準備工作

・模具裡鋪一張烘焙紙（P.89）。
・烤箱預熱 160℃。

● 製作方法

1 依「磅蛋糕」（P.17）的步驟製作麵團並放入烤箱中烘烤，出爐後塗刷洋酒。

2 將 1 置於網架上，使用橡皮刮刀將草莓糖霜淋在蛋糕上，再以抹刀或橡皮刮刀等均勻塗抹（請參照 P.23）。最後依個人喜好以覆盆子碎粒點綴，並且靜置一旁晾乾。

先在整個蛋糕體上塗刷洋酒，然後淋上糖霜，這樣才能順利將糖霜抹開薄薄一層，而塗刷至邊緣的糖霜也會順勢滴落至側面。在氣溫和濕度較低的季節裡，糖霜變乾變硬的速度更快。

也可以使用其他類型的模具！

17×7× 高 6 cm 的磅蛋糕模具，或者口徑 15 cm 的咕咕霍夫模。詳細內容請參閱 P.89。

最後以覆盆子碎粒裝飾，增添楚楚動人的美感。可以依個人喜好以開心果或椰子細粉點綴。當然了，完全不裝飾也 OK。

蘋果伯爵茶蛋糕

雖然烘烤顏色很樸素，但蛋糕裡面滿滿的全是蘋果。

濕潤的蛋糕體搭配紅茶的香氣，宛如協奏曲般和諧地衝擊味蕾。

這種療癒人心的美味好比和兒時好友在一起的輕鬆自在。

直徑 15 cm 的圓形蛋糕正好適合小家庭。可以視個人喜好切成數片，但切成 8 等分最方便食用。

● 材料（直徑 15 cm圓形蛋糕模 1 個分量）

a
| 低筋麵粉…150g
| 高筋麵粉…15g
| 杏仁粉…20g
| 發粉…8g
| 紅茶茶葉（格雷伯爵茶等）…3g
| 鹽…1g

| 蘋果…中型 1 顆（淨重 170g）
| 太白胡麻油…6g
| 甜菜根糖…12g
| 檸檬汁…6g
| 榛果…25g
| 洋酒（白蘭地）…適量

b
| 太白胡麻油…80g
| 豆漿…100g
| 甜菜根糖…75g
| 檸檬汁…7g

● 事前準備工作

・蘋果縱切成 8 等分，去皮去核，然後切成薄片銀杏葉狀。將太白胡麻油倒入熱鍋裡，加入甜菜根糖、檸檬汁拌炒至軟，靜置一旁放涼。

・將榛果放入烤箱中以 160℃烘烤 10 分鐘，去皮後切成粗粒備用。

・使用研磨機將紅茶茶葉磨細（若茶包茶葉等原本就很細碎，無須研磨可直接使用）。

・模具裡鋪一張烘焙紙（P.89）。

・烤箱預熱 160℃。

建議使用紅玉或富士品種等比較脆口的蘋果。搭配紅茶後的風味更加溫潤。

● 製作方法

1 a材料放入鋼盆中。取另外一只鋼盆，將 b 材料依序倒入鋼盆中，使用打蛋器攪拌均勻。

2 將 b 加入 a 裡面，用橡皮刮刀粗略攪拌，然後放入蘋果和榛果混合均勻。

3 將麵糊倒入模具中鋪平。放入預熱 160℃烤箱中烘烤 20 分鐘，烤盤前後對調再烘烤 25 分鐘。

4 在蛋糕體表面塗刷洋酒。置涼脫模並撕掉烘焙紙，在蛋糕體底部和側面也塗刷洋酒。

為了強調秋天氣息，以香氣迷人的榛果作為點綴。連皮放入烤箱中烘烤，置涼後再用手指以摩擦方式去皮。沒有完全去皮乾淨也沒關係。

香蕉蛋糕

烤箱裡飄來陣陣療癒人心的濃郁香蕉甜香。
濕潤又鬆軟的美味讓成年人小孩都愛不釋手。
試著沿著蛋糕的邊緣擺上一圈可口的香蕉片。

於烘烤前先排好香蕉，會因為麵團遇熱膨脹而形成一圈略微下陷的可愛邊框。曾經有客人表示這樣的形狀很像一頂王冠。

● 材料（直徑 15 cm圓形蛋糕模 1 個分量）

a
低筋麵粉…140g
高筋麵粉…25g
杏仁粉…35g
發粉…8g
藍罌粟籽…4g
（＊罌粟籽在台灣依法為二級毒品，請注意。）
肉桂粉…1g
鹽…1g

香蕉（成熟。裝飾用。切片 5 mm厚）
…約 34 片
洋酒（蘭姆酒）…適量
楓糖漿（依個人喜好添加）…視情況添加

b
香蕉（成熟）…淨重 160g（中型 2 根分量）
太白胡麻油…80g
豆漿…55g
甜菜根糖…50g
楓糖漿…12g
檸檬汁…8g
洋酒（蘭姆酒等）…少許
香草精…少許

蛋糕出爐後塗刷楓糖漿，整體更顯飽滿有光澤。這個方法同樣可以套用在其他種類的蛋糕和馬芬上（P.90）。

● 事前準備工作

・模具裡鋪一張烘焙紙（P.89）。
・烤箱預熱 160℃。

使用大量香蕉製作的蛋糕。沒有藍罌粟籽也無妨，添加藍罌粟籽單純是為了增加口感。

● 製作方法

1 a 材料過篩至鋼盆中。取另外一只鋼盆，放入 b 材料中的香蕉並以打蛋器壓碎，攪拌至滑順後再將剩餘的 b 材料依序倒入鋼盆裡，同樣使用打蛋器攪拌均勻。
2 將 b 加入 a 裡面，用橡皮刮刀粗略攪拌。
3 麵糊倒入模具中鋪平，沿著邊緣以交疊方式鋪上裝飾用香蕉片。放入預熱 160℃烤箱中烘烤 20 分鐘，烤盤前後對調再烘烤 25 分鐘。
4 在蛋糕體表面和香蕉片上塗刷洋酒。置涼脫模並撕掉烘焙紙，在蛋糕體底部和側面也塗刷洋酒。若想更加突顯蛋糕光澤，以香蕉片為主薄薄抹上一層楓糖漿。

香蕉皮上出現褐色斑點代表成熟，是香蕉最香甜的時候。若使用的香蕉不是很熟，可以稍微增加甜菜根糖的使用量（增加至 8g 左右）。

咖啡香蕉蛋糕

香蕉和咖啡的契合度非常好，兩者搭配在一起的美味更適合成人享用。
巧克力的淡淡苦味讓蛋糕滋味更具深度。

推薦給不喜歡吃太甜的人，這是一款甜中帶苦的蛋糕。對半切開蛋糕露出香蕉，突顯視覺上的效果。

● **材料**（17×7× 高 6 cm 的磅蛋糕模具 1 個分量）

a
低筋麵粉…75g
高筋麵粉…10g
杏仁粉…10g
核桃…10g
咖啡豆…6g
巧克力…5g
發粉…4g
肉桂粉…少許
鹽…少許

b
香蕉（成熟）…淨重 80g（中型 1 根分量）
太白胡麻油…40g
豆漿…27g
甜菜根糖…27g
楓糖漿…6g
檸檬汁…4g
洋酒（蘭姆酒等）…少許
香草精…少許

香蕉（成熟。裝飾用。對半縱切）…中型 1/2 根
肉桂粉…少許
洋酒（蘭姆酒等）…適量
楓糖漿（依個人喜好添加）…視情況添加

● **事前準備工作**

・核桃放入烤箱中以 160℃烘烤 10 分鐘，切成粗粒狀。
・用研磨機將咖啡豆磨成細粉（直接使用咖啡粉也 OK）。
・將巧克力切成粗粒狀。
・在模具裡塗刷太白胡麻油（分量外），並於模具底部鋪一張烘焙紙。
・烤箱預熱 160℃。

大家可以視個人喜好挑選咖啡豆。我多半選對身體比較溫和的無咖啡因咖啡豆。而深度烘焙咖啡豆比較能使麵團充滿咖啡風味。

● **製作方法**

1 a 材料過篩至鋼盆中。取另外一只鋼盆，放入 b 材料中的香蕉並以打蛋器壓碎，攪拌至滑順後再將剩餘的 b 材料依序倒入鋼盆中，同樣使用打蛋器混合均勻。

2 將 b 倒入 a 裡面，用橡皮刮刀粗略攪拌。

3 將麵糊倒入模具中鋪平（不需要 P.19 中在麵團上劃一刀的步驟），擺上裝飾用香蕉並撒上肉桂粉。放入預熱 160℃烤箱中烘烤 20 分鐘，烤盤前後對調再烘烤 15 分鐘。

4 在蛋糕體表面和香蕉上塗刷洋酒。置涼脫模並撕掉烘焙紙，在蛋糕體底部和側面也塗刷洋酒。想更加突顯蛋糕光澤時，以香蕉為主薄薄抹上一層楓糖漿（請參照 P.27）。

也可以使用其他類型的模具！

可以使用直徑 12 cm 的圓形蛋糕模製作蛋糕。詳細內容請參閱 P.89。

鳳梨奶酥蛋糕

多汁的鳳梨和酥脆的奶酥完美結合在一起。

改用蘋果或桃子也非常美味可口。

建議趁熱吃，才能享用奶酥的酥脆感。放置一段時間後，也可以用烤箱重新加熱。裝飾方式請參閱 P.90。

● 材料（18 cm方形模具 1 個分量）

a | 低筋麵粉…170g
　 高筋麵粉…22g
　 杏仁粉…30g
　 發粉…10g
　 鹽…1g

b | 太白胡麻油…105g
　 豆漿…120g
　 甜菜根糖…75g
　 桑特醋栗果乾（P.85）…10g
　 檸檬汁…6g
　 香草精…少許

鳳梨（新鮮）…淨重 280g
太白胡麻油…5g
甜菜根糖…30g
檸檬汁…8g
洋酒（蘭姆酒等）…少許
＊奶酥麵團…120g
肉桂粉（依個人喜好添加）…視情況添加
洋酒（蘭姆酒）…適量

也可以使用市面販售的切片鳳梨。加熱至有點微焦，有助降低甜度，也能使香氣更為濃郁。

● 事前準備工作

‧將鳳梨切成厚度 7 mm 左右的一口大小。熱鍋裡倒入太白胡麻油、甜菜根糖、檸檬汁拌炒，微焦時加入少許洋酒，繼續拌炒至水分蒸發後靜置一旁冷卻。
‧模具裡鋪一張烘焙紙（P.89）。
‧烤箱預熱 160℃。

● 製作方法

1 a 材料過篩至鋼盆中。取另外一只鋼盆，將 b 材料依序倒入鋼盆裡，使用打蛋器充分攪拌均勻。

2 將 b 倒入 a 裡面，用橡皮刮刀粗略攪拌。

3 麵糊倒入模具中鋪平，並將鳳梨排在表面。用手指將奶酥麵團撥開呈肉鬆狀並鋪在鳳梨上，然後視個人喜好撒上肉桂粉。放入預熱 160℃ 烤箱中烘烤 20 分鐘，烤盤前後對調再烘烤 25 分鐘。

4 置涼脫模並撕掉烘焙紙，在蛋糕體底部和側面塗刷洋酒。

＊奶酥麵團

●材料（容易製作的分量）

a | 低筋麵粉…80g
　 高筋麵粉…20g
　 核桃（切粗粒）…30g
　 甜菜根糖…5g
　 鹽…1g

b | 太白胡麻油…50g
　 楓糖漿…30g
　 香草精…少許

1 a 材料過篩至鋼盆中。取另外一只鋼盆放入 b 材料，使用打蛋器充分攪拌均勻。

2 將 b 倒入 a 裡面，用橡皮刮刀粗略攪拌成一團。

3 置於冷藏室 30 分鐘以上。

※ 放入乾淨的密封容器中，可以冷藏保存 2 星期左右。使用時以手指撥開成肉鬆狀（如上方照片所示）。也可以冷凍保存。

蘿蔔蛋糕

不淋糖霜，也不過度使用香料，一款輕盈又爽口的蘿蔔蛋糕。
蛋糕本身的素材雖然簡樸，但製作成咕咕霍夫模樣，增添些許
可愛表情。

撒椰子粉是非常簡單的裝飾創意
（P.90），能夠更加突顯咕咕霍夫蛋糕的
立體感。咕咕霍夫模是一種讓製作甜點變
得更有趣的模具。從簡約到華麗，給人千
變萬化的印象。

● 材料（口徑 15 cm咕咕霍夫模 1 個分量）

a | 低筋麵粉…90g
　| 全麥麵粉…30g
　| 發粉…7g
　| 肉桂粉…1g
　| 鹽…1g

b | 太白胡麻油…55g
　| 豆漿…60g
　| 紅蘿蔔…淨重 70g
　| 甜菜根糖…40g
　| 楓糖漿…15g
　| 檸檬汁…5g
　| 洋酒（蘭姆酒）…少許
　| 香草精…少許

c | 核桃…20g
　| 桑特醋栗果乾（P.85）…15g

洋酒（蘭姆酒）…適量
椰子粉（依個人喜好添加）…視情況添加

這款蛋糕不加杏仁粉。另外，蘿蔔本
身帶有水分，所以口感更顯濕潤溫
和。

● 事前準備工作

・將核桃放入烤箱中以 160℃烘烤 10 分鐘，切成粗粒狀。
・紅蘿蔔去皮，用食物調理機攪成細碎。
・在模具裡塗刷太白胡麻油（分量外）。
・烤箱預熱 160℃。

● 製作方法

1 a 材料過篩至鋼盆中。取另外一只鋼盆，將 b 材料依序倒入鋼盆裡，
　使用打蛋器充分攪拌均勻。

2 將 b 倒入 a 裡面，用橡皮刮刀粗略攪拌，然後將 c 材料也倒進去一起
　攪拌。

3 麵糊倒入模具中鋪平。放入預熱 160℃烤箱中烘烤 20 分鐘，烤盤前後
　對調再烘烤 15 分鐘（不需要如 P.19 中於烘烤前後在桌面或烤盤上輕敲模具的
　步驟）。

4 於蛋糕體表面塗刷洋酒。置涼脫模並撕掉烘焙紙，蛋糕體上面和側面
　也塗刷洋酒。放涼後再視個人喜好使用濾茶網撒上椰子粉。

也可以使用其他類型的模具！

17×7× 高 6 cm的磅蛋糕模具，或者直徑 12 cm
的圓形蛋糕模。詳細內容請參閱 P.89。

抹茶椰子咕咕霍夫蛋糕

這樣的組合或許讓人感到有些意外，

但帶有些許苦香的抹茶和溫潤口感的椰子其實非常契合。

大理石花紋的切面也充滿無限魅力。

最後還可以視個人喜好撒上椰子粉（P.33）。

● 材料（口徑 15 ㎝咕咕霍夫模 1 個分量）

a｜低筋麵粉…115g
　　高筋麵粉…15g
　　椰子粉…15g
　　發粉…7g
　　鹽…1g

b｜太白胡麻油…70g
　　豆漿…40g
　　椰奶…40g
　　甜菜根糖…60g
　　檸檬汁…6g
　　香草精…少許

c｜抹茶…6g
　　甜菜根糖…3g
　　溫水…20g

洋酒（柑曼怡香橙干邑甜酒等）…適量

● 事前準備工作

・溶解攪拌 c 材料。
・在模具裡塗刷太白胡麻油（分量外）。
・烤箱預熱 160℃。

● 製作方法

1 a 材料過篩至鋼盆中。取另外一只鋼盆，將 b 材料依序倒入鋼盆裡，使用打蛋器充分攪拌均勻。

2 將 b 倒入 a 裡面，用橡皮刮刀粗略攪拌，然後加入 c 材料大致翻攪呈大理石圖樣。

3 麵糊倒入模具中鋪平。放入預熱 160℃烤箱中烘烤 20 分鐘，烤盤前後對調再烘烤 15 分鐘（不需要 P.19 中於烘烤前後在桌面或烤盤上輕敲模具的步驟）。

4 於蛋糕體表面塗刷洋酒。置涼脫模並撕掉烘焙紙，蛋糕體上面和側面也塗刷洋酒。

製作大理石花紋麵糊的訣竅。先在麵糊上面隨機淋上抹茶液，接著從底部和四周圍以大幅度翻動的方式攪拌數次。以橡皮刮刀將麵糊輕輕倒入模具中。不要過度攪拌抹茶液，蛋糕切面便能呈現漂亮的綠色大理石花紋。這是一款充滿夏日風情且色香味俱全的蛋糕。

也可以使用其他類型的模具！

17×7× 高 6 ㎝的磅蛋糕模具，或者直徑 12 ㎝的圓形蛋糕模。詳細內容請參閱 P.89。

柳橙豆漿優格蛋糕

加入大量豆漿優格，口感清爽又宛如鬆餅般柔軟膨鬆。
整齊排列的柳橙片讓整體外觀更顯清新。

以一片柳橙片的大小為依據，將蛋糕切成 9 小塊，可愛又小巧玲瓏。不添加杏仁粉的蛋糕，質地較為輕盈，建議趁熱吃或常溫時食用。用烤箱稍微加熱一下也很好吃。

● 材料（18 cm方形模具 1 個分量）

a｜低筋麵粉⋯150g
　｜高筋麵粉⋯60g
　｜發粉⋯10g
　｜鹽⋯2g

柳橙⋯中型 2 顆左右
甜菜根糖⋯8g
洋酒（柑曼怡香橙干邑甜酒等）⋯8g
洋酒（柑曼怡香橙干邑甜酒等）⋯適量

b｜太白胡麻油⋯80g
　｜豆漿⋯25g
　｜豆漿優格⋯200g
　｜柳橙果肉（請參照事前準備工作）⋯25g
　｜甜菜根糖⋯85g
　｜檸檬汁⋯8g
　｜柳橙皮（請參照事前準備工作）⋯少許
　｜香草精⋯少許

● 事前準備工作

· 2 顆左右的柳橙去皮，橫切成 9 片厚度 5 mm左右的柳橙片。將柳橙片排在托盤裡，兩面都淋上甜菜根糖 8g 和洋酒 8g，靜置 30 分鐘～ 1 小時。取柳橙剩下的果肉 25g 切細碎，並且削一些柳橙皮屑備用，兩者都作為 b 材料使用。

· 模具裡鋪一張烘焙紙（P.89）。

· 烤箱預熱 160℃。

● 製作方法

1 a 材料過篩至鋼盆中。取另外一只鋼盆，將 b 材料依序倒入鋼盆裡，使用打蛋器充分攪拌均勻。

2 將 b 倒入 a 裡面，用橡皮刮刀粗略攪拌。

3 麵糊倒入模具中鋪平，然後將柳橙片排在表面並淋上托盤裡的汁液。放入預熱 160℃烤箱中烘烤 20 分鐘，烤盤前後對調再烘烤 25 分鐘。

4 於蛋糕體表面塗刷洋酒。置涼脫模並撕掉烘焙紙，蛋糕體底部和側面也塗刷洋酒。

使用植物性乳酸菌發酵豆漿的豆漿優格（無糖），製作成類似優格鬆餅的麵糊。

藍莓豆漿優格蛋糕

豆漿優格蛋糕（P.36）的變化版。

加入大量藍莓，新鮮又多汁。

這次改作為圓形飽滿的形狀。

充滿類似鬆餅般的獨特鬆軟感，同時也兼具 Q 彈口感。建議出爐後趁熱食用。重新加熱當作早餐也不錯。

● 材料（直徑 15 cm圓形蛋糕模 1 個分量）

a | 低筋麵粉…150g
　 高筋麵粉…60g
　 發粉…10g
　 鹽…2g

　 藍莓（新鮮或冷凍）…100g
　 甜菜根糖…10g
　 洋酒（柑曼怡香橙干邑甜酒等）…10g
　 洋酒（柑曼怡香橙干邑甜酒等）…適量

b | 太白胡麻油…80g
　 豆漿…50g
　 豆漿優格（P.37）…200g
　 甜菜根糖…80g
　 檸檬汁…8g
　 香草精…少許

● 事前準備工作

・在藍莓上澆淋甜菜根糖 10g 和洋酒 10g，靜置 30 分鐘～ 1 小時。

・模具裡鋪一張烘焙紙（P.89）。

・烤箱預熱 160℃。

讓蛋糕體的高度高過於模具（圓形蛋糕模的高度為 6 cm）。成品的感覺完全不同於方形模具製作的蛋糕。

● 製作方法

1 a 材料過篩至鋼盆中。取另外一只鋼盆，將 b 材料依序倒入鋼盆裡，使用打蛋器充分攪拌均勻。

2 將 b 倒入 a 裡面，用橡皮刮刀粗略攪拌，接著將藍莓（留下 6 粒左右）連同汁液也倒入混合在一起。

3 麵糊倒入模具中鋪平，然後將步驟 2 留下的藍莓擺在麵糊表面並稍微輕壓一下。放入預熱 160℃烤箱中烘烤 20 分鐘，烤盤前後對調再烘烤 25 分鐘。

4 於蛋糕體表面塗刷洋酒。置涼脫模並撕掉烘焙紙，蛋糕體底部和側面也塗刷洋酒。

待出爐後的蛋糕穩定一些，藍莓的甜味會更明顯。沒有新鮮藍莓時，使用冷凍藍莓也非常方便。

古典巧克力蛋糕

這或許是最令純素者感到驚艷的甜點。

充滿濃郁、滑順、令人陶醉的可可香氣。

最適合送給重要的人、重要的時光。

剛出爐時整體略微膨脹且非常柔軟，放冷後會稍微凹陷。

● 材料（直徑 15 cm圓形蛋糕模 1 個分量）

a
低筋麵粉⋯45g
高筋麵粉⋯15g
可可粉⋯45g
發粉⋯8g
鹽⋯1g

b
太白胡麻油⋯30g
木綿豆腐（稍微去除水分）⋯155g
甜菜根糖⋯80g
香草精⋯少許
洋酒（白蘭地等）⋯少許

c
可可塊⋯65g
椰奶⋯80g
楓糖漿⋯80g
太白胡麻油⋯45g

由於蛋糕容易塌陷，建議放涼後再切片。雖然放涼前也容易塌陷，但非常柔軟且入口即化，美味到令人難以言喻。

● 事前準備工作

・用廚房紙巾輕輕按壓木綿豆腐以去除水分（使用 3 張廚房紙巾的程度。豆腐碎裂也 OK。請參照 P.43）。

・模具裡鋪一張烘焙紙（P.89）。

・烤箱預熱 150℃。

用濾茶網撒上一些可可粉（分量外），增添古典風情。也可以添加一些豆漿鮮奶油。

● 製作方法

1 c 材料倒入鋼盆裡，以隔水加熱方式熔化可可塊。取另外一只鋼盆，將 a 材料過篩至鋼盆中。

2 b 材料倒入食物調理機中，攪拌至滑順，加入 c 後繼續攪拌。

3 將 2 加入 a 裡面，使用打蛋器確實攪拌至麵糊出現光澤。

4 麵糊倒入模具中鋪平。放入預熱 150℃烤箱中烘烤 20 分鐘，烤盤前後對調再烘烤 20 分鐘（不需要 P.19 中於烘烤前後在桌面或烤盤上輕敲模具的步驟）。

5 放涼後連同模具置於冷藏室 2 小時以上。

可可塊是巧克力的原料，也就是將烘焙後的可可豆製成泥狀後再加以固體化所製成。用於製作想突顯可可風味的甜點。

藍莓巧克力蛋糕

使用「古典巧克力蛋糕」（P.40）的濃郁麵糊，

再搭配作為夾心餡料的酸甜藍莓果醬。

最完美的配對組合，同時也增添些許獨特感。

即使將藍莓果醬冷凍，也不會完全結凍，依然可以使用湯匙舀取。藍莓果醬冷凍後比較不會有液體，更能增添果醬的紮實感，也更能與軟軟的麵糊形成對比。

● 材料（18 cm方形模具 1 個分量）

a 低筋麵粉…65g
　高筋麵粉…20g
　可可粉…65g
　發粉…10g
　鹽…1g

b 太白胡麻油…40g
　木綿豆腐
　（稍微去除水分）…210g
　甜菜根糖…100g
　香草精…少許
　洋酒（白蘭地等）…少許

c 可可塊（P.41）…85g
　椰奶…110g
　楓糖漿…110g
　太白胡麻油…65g

藍莓果醬（P.51。冷凍果醬）…80g
可可粉（依個人喜好添加）…視情況添加
覆盆子碎粒
（冷凍覆盆子切成小塊。依個人喜好添加）…視情況添加

● 事前準備工作

・用廚房紙巾輕輕按壓木綿豆腐以去除水分（使用 3 張廚房紙巾的程度。豆腐碎裂也 OK）。
・模具裡鋪一張烘焙紙（P.89）。
・烤箱預熱 150℃。

● 製作方法

1 c 材料倒入鋼盆裡，以隔水加熱方式熔化可可塊。取另外一只鋼盆，將 a 材料過篩至鋼盆中。

2 b 材料倒入食物調理機中，攪拌至滑順，加入 c 後繼續攪拌。

3 將 2 加入 a 裡，使用打蛋器確實攪拌至麵糊出現光澤。取一半分量倒入模具中鋪平，用湯匙舀取藍莓果醬置於麵糊上 14 個定點，接著倒入剩餘麵糊並鋪平。

4 放入預熱 150℃烤箱中烘烤 20 分鐘，烤盤前後對調再烘烤 25 分鐘（不需要 P.19 中於烘烤前後在桌面或烤盤上輕敲模具的步驟）。

5 放涼後連同模具置於冷藏室 2 小時以上。脫膜並撕掉烘焙紙，視個人喜好切片，也可以使用濾茶網撒上一些可可粉並擺放一些藍莓塊。

方形蛋糕有各種切片方式，各有各的魅力。可以先對半切，一半切成四方形，一半切成三角形。書中是將蛋糕切成八等分的長條狀。

添加去除水分的豆腐，有助於讓麵糊更為滑順。除了豆腐之外，太白胡麻油和椰奶也都能使麵糊滑順且濃郁。

chapter 2

馬芬
m u f f i n

美味的祕訣

◎ 椰奶增添鬆軟感

以豆漿取代牛奶作為水分，但豆漿的脂質含量略比牛奶少一些。

另一方面，一般製作馬芬時，有些食譜會使用鮮奶油，

因此除了水分外，也會添加脂質含量豐富的椰奶，增加麵糊的濃郁感和鬆軟感。

無論使用哪一種，都不會搶了椰子的香濃風味。

◎ 以全麥麵粉增強麵粉風味

馬芬是一種充滿樂趣的甜點，

本身會依添加的材料而有各式各樣的變化，

但麵粉風味也是一大重點。

因此除了高筋和低筋麵粉外，

另外添加全麥麵粉以增加獨特香氣與咬感。

◎ 注意不要攪拌過度

將粉類和水分混合一起後，

攪拌過度容易因為麩質的影響而使口感變硬。

由於高筋麵粉含量較多，容易形成麩質，

務必注意不要攪拌過度。

◎ 利用楓糖漿帶出具廣度的甜味

基本甜味是甜菜根糖，

但搭配楓糖漿一起使用，

甜味變得更加獨特且濃郁，

而甜味的廣度也會使味道更精緻。

馬芬

原味馬芬

馬芬中添加的材料深具十足魅力，
但享受原味麵糊也是一大樂趣。
適合作為零食或早餐。

● **材料**（口徑 7.5× 底直徑 5.5×
高 3 cm馬芬烤杯 6 個分量）

a | 低筋麵粉…205g
高筋麵粉…35g
全麥麵粉…35g
發粉…10g
鹽…1g

b | 豆漿…145g
椰奶…70g
甜菜根糖…45g
楓糖漿…20g
太白胡麻油…75g

● **事前準備工作**

・模具裡鋪好烘烤紙杯。

・烤箱預熱 170℃。

※ 接下來登場的馬芬全是同樣尺寸。

1

將 a 混合在一起並過篩至鋼盆裡。
殘留於篩網中的全麥麵粉等也全部
倒入鋼盆中。

2

其他材料先拌勻後
再加入油類，攪拌
起來會更均勻。

將 b 中除了太白胡麻油以外的材料
倒入另外一只鋼盆，以打蛋器充分
拌勻，然後再加入太白胡麻油混合
均勻。

3

攪拌至甜菜根糖沒有顆粒狀，油類
充分融合且整體略呈白色就可以
了。

4

將 **3** 加入 **1** 裡面，用橡皮刮刀粗略
攪拌。先在中間以畫 8 字的方式攪
拌，粉末比較不容易四處飛散。

5

接著以從四周向中間撥動的方式攪
拌，然後再從底部向上翻動，充分
攪拌均勻。

6

比蛋糕更具彈性的
麵團。但特別注意
過度攪拌易使口感
變硬。

攪拌至粉狀感消失，整體均勻一
致。

自製具獨創性的馬芬！

只要控制在 90g 以內，大家可以在「原味馬芬」麵糊裡添加自己喜歡的材料。並且在步驟 **5** 麵糊還帶有些許粉類時加進去。詳細內容請參閱 P.88。

7

將烤杯置於電子秤上，正確拿捏重量。

將麵糊均等倒入馬芬烤杯中。將烤杯置於電子秤上，比較容易拿捏正確重量（麵糊共 640g 左右，所以每個烤杯盛裝 106g 左右）。

8

放入預熱 170℃烤箱中烘烤 15 分鐘，烤盤前後對調再烘烤 8 分鐘。

9

置涼脫膜並撕掉烘焙紙。

外表酥脆，內部鬆軟。柔軟和濃郁的關鍵在於椰奶。等同於鮮奶油的功用。

這樣的組合已經非常美味，但添加楓糖漿別有一番風味。可以搭配湯品作為早餐。

蔓越莓夏威夷豆馬芬

藍莓杏仁馬芬

藍莓杏仁馬芬

說到馬芬的配料，首推鮮嫩多汁的藍莓。
最後搭配香脆的杏仁片，更具畫龍點睛的加分效果。

● 材料（口徑 7.5cm 馬芬烤杯 6 個分量）

a　低筋麵粉…205g
　　高筋麵粉…35g
　　全麥麵粉…35g
　　發粉…10g
　　鹽…1g

b　豆漿…135g
　　椰奶…70g
　　甜菜根糖…40g
　　楓糖漿…20g
　　太白胡麻油…75g

c　藍莓（新鮮或冷凍）…65g
　　甜菜根糖…5g
　　洋酒（柑曼怡香橙干邑甜酒等）…5g

d　杏仁…25g
　　太白胡麻油…3g
　　楓糖漿…3g

● 事前準備工作

·將 c 混合在一起，靜置 30 分鐘～1 小時。
·將 d 混合在一起。
·模具裡鋪好烘烤紙杯。
·烤箱預熱 170℃。

● 製作方法

1　a 材料過篩至鋼盆中。將 b 中除了太白胡麻油以外的材料倒入另外一只鋼盆，使用打蛋器充分拌勻，然後加入太白胡麻油混合均勻。

2　將 b 倒入 a 裡面，用橡皮刮刀粗略攪拌，接著將 c 材料連同汁液一起倒入攪拌。

3　麵糊均等地倒入烤杯中（每個約 116g），再將 d 材料平均鋪於表面。

4　放入預熱 170℃烤箱中烘烤 15 分鐘，烤盤前後對調再烘烤 8 分鐘。

蔓越莓的酸甜口味、夏威夷豆的淡淡牛奶香氣、酥脆口感，三者搭配得天衣無縫。

蔓越莓夏威夷豆馬芬

和油、糖裹在一起的杏仁片在烘烤過程中慢慢變成焦糖杏仁片，
讓口感和風味多一點變化。

● 材料（口徑 7.5cm 馬芬烤杯 6 個分量）

a 和 b 同上

c　蔓越莓乾（切粗粒）…65g
　　夏威夷豆（切粗粒）…30g
　　洋酒（白蘭地）…10g
　　甜菜根糖…5g

● 事前準備工作

·c 材料混拌在一起，靜置 1 小時左右讓蔓越莓乾變軟。
·如同上面作法準備模具和烤箱。

● 製作方法

1　和 2 同上。
3　麵糊均等地倒入烤杯中（每個約 122g）。
4　同上。

將屬性不同的食材搭配在一起也非常美味。夏威夷豆未事先烘烤也 OK。

草莓果醬馬芬

滑順的麵糊搭配草莓果醬，這是老少咸宜的組合。

除了表面，內餡也有甜度適宜的自製果醬。

使用市售果醬也 OK。各種嘗試都是非常有趣的事。

訣竅在於用湯匙將草莓果醬稍微壓入麵糊中。使用市售果醬時，若甜度比較高，請稍微減少用量。

● **材料**（口徑 7.5 ㎝馬芬烤杯 6 個分量）

a		b	
低筋麵粉…205g		豆漿…135g	
高筋麵粉…35g		椰奶…70g	
全麥麵粉…35g		甜菜根糖…40g	
發粉…10g		楓糖漿…20g	
鹽…1g		太白胡麻油…75g	

＊草莓果醬…約 100g

● **事前準備工作**

・模具裡鋪好烘烤紙杯。

・烤箱預熱 170℃。

● **製作方法**

1 a 材料過篩至鋼盆中。將 b 中除了太白胡麻油以外的材料倒入另外一只鋼盆，使用打蛋器充分拌勻，然後加入太白胡麻油混合均勻。

2 將 b 倒入 a 裡面，用橡皮刮刀粗略攪拌，再加入 8g 草莓果醬拌勻。

3 將 40g 麵糊、8g 草莓果醬、60g 麵糊依序倒入烤杯中（一個分量）。

4 放入預熱 170℃烤箱中烘烤 15 分鐘，烤盤前後對調再烘烤 8 分鐘。

＊草莓果醬

●材料（容易製作的分量）

a		b	
草莓（新鮮或冷凍）…淨重 200g		檸檬汁…8g	
甜菜根糖…65g		洋酒（櫻桃香甜酒等）…5g	
水…15g			

1 將 a（新鮮草莓事先去蒂）放入鍋裡，以中火熬煮。烹煮過程中用橡皮刮刀攪拌並壓碎。熬煮至有點黏稠後關火。

2 加入 b 攪拌均勻，靜置一旁放涼。

※ 裝入乾淨的密封容器中，可以冷藏保存 2 週左右。

＊藍莓果醬

（於 P.43 使用）

以藍莓（冷凍）取代草莓，同「草莓果醬」的製作方法。但放涼之前先過篩以去籽。保存方式和期間同「草莓果醬」。

地瓜馬芬

南瓜榛果馬芬

地瓜馬芬

簡單又健康的輕食，既美味且口感佳。
使用甜度高且不易散開的安納芋地瓜、紅東地瓜或紫心蕃薯等。

● 材料（口徑 7.5 cm馬芬烤杯 6 個分量）

a｜低筋麵粉…205g
　　高筋麵粉…35g
　　全麥麵粉…35g
　　發粉…10g
　　鹽…1g

b｜豆漿…145g
　　椰奶…70g
　　甜菜根糖…40g
　　楓糖漿…20g
　　太白胡麻油…75g

地瓜…淨重 100g
太白胡麻油…適量
甜菜根糖…15g
鹽、水…各少許
水洗芝麻（黑芝麻。或者肉桂粉、藍罌粟
籽）…少許

● 事前準備工作

・地瓜削皮後切成 1 cm立方塊。熱鍋中倒入太白胡麻油，加入甜菜根糖、
　鹽一起拌炒。倒入水和切好的地瓜，熬煮至地瓜變軟、水分蒸發且呈現
　光澤即關火，靜置一旁放涼。
・模具裡鋪好烘烤紙杯。
・烤箱預熱 170℃。

● 製作方法

1 a 材料過篩至鋼盆中。將 b 中除了太白胡麻油以外的材料倒入另外一
　　只鋼盆，使用打蛋器充分拌勻，然後加入太白胡麻油混合均勻。
2 將 b 倒入 a 裡面，用橡皮刮刀略粗攪拌，接著倒入地瓜一起拌勻。
3 麵糊均等地倒入烤杯中（每個約 125g），在表面撒上水洗芝麻。
4 放入預熱 170℃烤箱中烘烤 15 分鐘，烤盤前後對調再烘烤 8 分鐘。

南 瓜 榛 果 馬 芬

鬆軟地瓜與香脆榛果的組合。
完美融合南瓜的溫潤甘甜。

● 材料（口徑 7.5 cm馬芬烤杯 6 個分量）

a 和 b 同上

南瓜…淨重 90g
太白胡麻油…適量
甜菜根糖…15g
鹽、水…各少許
榛果…20g

● 事前準備工作

・南瓜連皮切成 1 cm立方塊。熱鍋裡倒入太白胡麻油，加入甜菜根糖、
　鹽一起拌炒。倒入水和切好的南瓜，熬煮至南瓜變軟、水分蒸發且呈現
　光澤即關火，靜置一旁放涼。
・將榛果放入預熱 160℃的烤箱中烘烤 10 分鐘，去皮（P.25）後切成粗
　粒。
・如同上面作法準備模具和烤箱。

● 製作方法

1 同上。
2 將 b 加入 a 裡，用橡皮刮刀粗略攪拌，再加入南瓜和榛果一起攪拌均
　勻。
3 麵糊均等地倒入烤杯中（每個約 126g）。
4 同上。

焦糖香蕉馬芬

蘋果奶酥馬芬

蘋果奶酥馬芬

最適合搭配奶酥的水果當中，榮登冠軍寶座的是蘋果。
建議使用紅玉或富士品種。以帶皮的蘋果打造可愛容貌。

● 材料（口徑 7.5 cm馬芬烤杯 6 個分量）

a 低筋麵粉…205g
　高筋麵粉、全麥麵粉…各35g
　發粉…10g
　鹽…1g

b 豆漿…135g
　椰奶…70g
　甜菜根糖…40g
　楓糖漿…20g
　太白胡麻油…75g

蘋果…中型 1/2 顆（淨重 80g）
太白胡麻油…適量
甜菜根糖…10g
檸檬汁…5g
肉桂粉…少許
洋酒（白蘭地）…少許
＊奶酥麵團（P.31）…約 40g

● 事前準備工作

・蘋果連皮切成 4 等分月牙形。其中一片再切成 6 等分（共 6 塊，裝飾用），其餘三片於削皮後也各切成 6 等分（共 18 塊）。熱鍋裡倒入太白胡麻油，加入甜菜根糖、檸檬汁和肉桂粉一起拌炒。裝飾用的連皮蘋果確實裹上甜菜根糖後先行取出。其他不帶皮的蘋果則炒到變軟，然後倒入洋酒炒至水分蒸發即關火，靜置一旁放涼。
・模具裡鋪好烘烤紙杯，烤箱預熱 170℃。

● 製作方法

1 a 材料過篩至鋼盆中。將 b 中除了太白胡麻油以外的材料倒入另外一只鋼盆，使用打蛋器充分拌勻，然後加入太白胡麻油混合均勻。
2 將 b 加入 a 裡面，用橡皮刮刀粗略攪拌。
3 將 40g 麵糊、不帶皮蘋果 3 塊、60g 麵糊依序倒入烤杯中（一個分量），接著將用手指撥開的奶酥麵糊均勻倒在表面，最後擺上一塊帶皮蘋果作為裝飾。撒上肉桂粉。
4 放入預熱 170℃烤箱中烘烤 15 分鐘，烤盤前後對調再烘烤 8 分鐘。

焦糖香蕉馬芬

帶有獨特苦甜後味的焦糖醬和香蕉的香甜十分契合。
攪拌成大理石花紋狀，讓每一口都能盡情享受色香味。

● 材料（口徑 7.5 cm馬芬烤杯 6 個分量）

a 和 b 同上

香蕉（成熟）…淨重 60g
甜菜根糖…5g
洋酒（蘭姆酒）…5g
＊焦糖醬（P.65）…25g
椰子粉…10g
香蕉（成熟。裝飾用。切成 3 mm厚的片狀）
…6 片

● 事前準備工作

・將香蕉（淨重 60g）縱向對半切，然後再切成 5 mm寬。和甜菜根糖、洋酒混合在一起。
・如同上面作法準備模具和烤箱。

● 製作方法

1 同上。
2 將 b 加入 a 裡面，用橡皮刮刀粗略攪拌，然後加入香蕉（連同汁液）、焦糖醬、椰子細粉翻攪呈大理石圖案。
3 麵糊均等地倒入烤杯中（每個約 120g），擺上裝飾用香蕉。
4 同上。

咖啡蘭姆葡萄馬芬　　　　抹茶紅豆核桃馬芬

咖啡蘭姆葡萄馬芬

略帶苦味的食材組合充滿成熟氣息。
不愛吃甜食的人也會愛上這款馬芬。

● 材料（口徑 7.5 cm馬芬烤杯 6 個分量）

a | 低筋麵粉…205g
　 高筋麵粉、全麥麵粉…各 35g
　 發粉…10g
　 鹽…1g

b | 豆漿…140g
　 椰奶…70g
　 甜菜根糖…40g
　 楓糖漿…20g
　 太白胡麻油…75g

c | 葡萄乾…65g
　 蘭姆酒…15g
　 咖啡豆（P.29）…12g
　 椰子粉…10g
　 楓糖漿…10g

● 事前準備工作

· 將葡萄乾浸泡在蘭姆酒中半天～ 1 天的時間使其變軟。用研磨機將咖啡豆磨成細粉（直接使用咖啡粉也 OK）。將 c 以外的材料混合在一起。
· 模具裡鋪好烘烤紙杯。
· 烤箱預熱 170℃。

● 製作方法

1 a 材料過篩至鋼盆中。將 b 中除了太白胡麻油以外的材料倒入另外一只鋼盆，使用打蛋器充分拌勻，然後加入太白胡麻油混合均勻。
2 將 b 和 c 加入 a 裡面，用橡皮刮刀粗略攪拌。
3 麵糊均等地倒入烤杯中（每個約 123g）。
4 放入預熱 170℃烤箱中烘烤 15 分鐘，烤盤前後對調再烘烤 8 分鐘。

抹茶紅豆核桃馬芬

抹茶口味的日式和風馬芬。使用豆沙餡或白豆沙餡都可以。
如果紅豆夠軟，不需要事先浸泡在溫水裡。

● 材料（口徑 7.5 cm馬芬烤杯 6 個分量）

a | 低筋麵粉…205g
　 高筋麵粉、全麥麵粉…各 35g
　 發粉…10g
　 抹茶…7g
　 鹽…1g

b | 豆漿…140g
　 椰奶…70g
　 甜菜根糖…45g
　 楓糖漿…20g
　 太白胡麻油…75g

紅豆…90g

溫水…10g

核桃（切粗粒）…20g

● 事前準備工作

· 紅豆浸泡在溫水裡變軟。
· 如同上面作法準備模具和烤箱。

● 製作方法

1 同上。
2 將 b 加入 a 中，用橡皮刮刀粗略攪拌。
3 將 45g 麵糊、8g 左右紅豆餡、60g 麵糊、8g 左右紅豆餡依序倒入烤杯中（放入紅豆餡時請參照 P.51 放入草莓果醬的方法），接著將核桃均勻鋪於表面。
4 同上。

巧克力榛果馬芬

草莓巧克力馬芬

巧克力榛果馬芬

濃郁的可可麵糊搭配堅果，完美的口感與好滋味。
沒有熟可可粒的情況下，可以增加巧克力的使用量。

● 材料（口徑 7.5 cm馬芬烤杯 6 個分量）

a | 低筋麵粉…195g
  | 高筋麵粉…30g
  | 全麥麵粉…35g
  | 可可粉…20g
  | 發粉…10g
  | 鹽…1g

b | 豆漿…140g
  | 椰奶…70g
  | 甜菜根糖…40g
  | 楓糖漿…20g
  | 太白胡麻油…75g

c | 榛果…55g
  | 巧克力…35g
  | 熟可可粒（P.74）…10g
  | 洋酒（白蘭地）…10g

● 事前準備工作

・將榛果放入預熱 160℃的烤箱中烘烤 10 分鐘，去皮（P.25）後切成粗粒。巧克力也切成粗粒。將 c 以外的材料混合在一起。
・模具裡鋪好烘烤紙杯。
・烤箱預熱 170℃。

● 製作方法

1 a 材料過篩至鋼盆中。將 b 中除了太白胡麻油以外的材料倒入另外一只鋼盆，使用打蛋器充分拌勻，然後加入太白胡麻油混合均勻。
2 將 b 和 c 加入 a 裡面，用橡皮刮刀粗略攪拌。
3 麵糊均等地倒入烤杯中（每個約 124g）。
4 放入預熱 170℃烤箱中烘烤 15 分鐘，烤盤前後對調再烘烤 8 分鐘。

草莓巧克力馬芬

活用草莓的顏色與形狀，為馬芬增添可愛氣息。
盡量挑選小顆草莓，只買到大顆草莓的情況下，請切成小塊後使用。

● 材料（口徑 7.5 cm馬芬烤杯 6 個分量）

a 同上

b | 豆漿…140g
  | 椰奶…70g
  | 甜菜根糖…40g
  | 楓糖漿…20g
  | 巧克力…20g
  | 太白胡麻油…75g

草莓…小型 18 顆
甜菜根糖…10g
洋酒（櫻桃香甜酒等）…5g

● 事前準備工作

・草莓去蒂且縱向對半切（共 36 塊），然後和甜菜根糖、洋酒混合在一起。
・巧克力切粗粒。
・如同上面作法準備模具和烤箱。

● 製作方法

1 同上。
2 將 b 加入 a 裡面，用橡皮刮刀粗略攪拌。
3 將 45g 麵糊、3 塊草莓、60g 麵糊依序倒入烤杯中（一個分量），最後在表面輕輕壓入 3 塊草莓。
4 同上。

馬鈴薯迷迭香馬芬

美式鄉村玉米馬芬

馬鈴薯迷迭香馬芬

建議使用鬆軟型的馬鈴薯製作鹽味馬芬。
可以使用乾燥迷迭香，或者少量混合香草。

● 材料（口徑 7.5 cm馬芬烤杯 6 個分量）

a | 低筋麵粉…200g
   | 高筋麵粉、全麥麵粉…各 35g
   | 發粉…10g
   | 鹽…3g
   | 蔬菜高湯（粉末）…2g

b | 豆漿…150g
   | 椰奶…70g
   | 楓糖漿…25g
   | 太白胡麻油…75g

馬鈴薯…淨重約 110g（中型 1 顆）
橄欖油…適量
鹽…1g
黑胡椒粒（研磨）…適量
迷迭香（新鮮）…約 1/2 枝
水…少許

● 事前準備工作

・馬鈴薯削皮後切成 30 小塊 1.5 cm立方塊。熱鍋裡倒入橄欖油，加入鹽、黑胡椒、一半的迷迭香一起拌炒。倒入水和切好的馬鈴薯，熬煮至馬鈴薯變軟且水分蒸發後關火，靜置一旁放涼。
・模具裡鋪好烘烤紙杯。
・烤箱預熱 170℃。

● 製作方法

1 a 材料過篩至鋼盆中。將 b 中除了太白胡麻油以外的材料倒入另外一只鋼盆，使用打蛋器充分拌勻，然後加入太白胡麻油混合均勻。
2 將 b 加入 a 裡面，用橡皮刮刀粗略攪拌。
3 將 40g 麵糊、2 塊馬鈴薯、60g 麵糊依序倒入烤杯中（一個分量），然後在表面輕輕壓入 3 塊馬鈴薯，再將剩下的迷迭香抹上橄欖油後點綴於表面。
4 放入預熱 170℃烤箱中烘烤 15 分鐘，烤盤前後對調再烘烤 8 分鐘。

美式鄉村玉米馬芬

在店裡也只有玉米季才會推出，相當受到歡迎的美式鄉村玉米馬芬。
新鮮的玉米格外香甜，但也可以使用冷凍玉米。

● 材料（口徑 7.5 cm馬芬烤杯 6 個分量）

a | 低筋麵粉…190g
   | 高筋麵粉…30g
   | 粗玉米粉（P.87）…50g
   | 發粉…12g
   | 鹽…4g

b | 豆漿…60g
   | 椰奶…50g
   | 甜菜根糖…25g
   | 楓糖漿…15g
   | 玉米（新鮮或冷凍）
   | …淨重 180g（約 1 根分量）
   | 太白胡麻油…85g

● 事前準備工作

・使用新鮮玉米的情況，用菜刀切下玉米粒。使用冷凍玉米的情況，則先半解凍。無論哪一種玉米，都要使用食物調理機攪碎。
・如同上面作法準備模具和烤箱。

● 製作方法

1 ～ 2 同上。
3 麵糊均等地倒入烤杯中（每個約 116g）。
4 同上。

chapter 3

布丁也是純素的！

說到雞蛋和牛奶，相信大家肯定立刻聯想到布丁，大家有沒有興趣嘗試製作純素布丁呢？

無論是第一眼還是第一口，都讓人感到驚艷「真的是布丁！」這是一道真心希望大家嘗試製作的食譜。

兼具滿足感和清爽後味的特製布丁。就連脫模過程也令人開心到激動不已。

置於冰箱凝固後，擺放在桌上

掀開蓋子，取一容器蓋在鋁箔布丁杯上，然後倒扣

用小刀刺入杯底中央，讓空氣進入杯中

向上提起鋁箔杯，輕鬆脫模

左右搖晃一下盤子…

滑嫩有彈性！

拿把湯匙取用

開動了——！

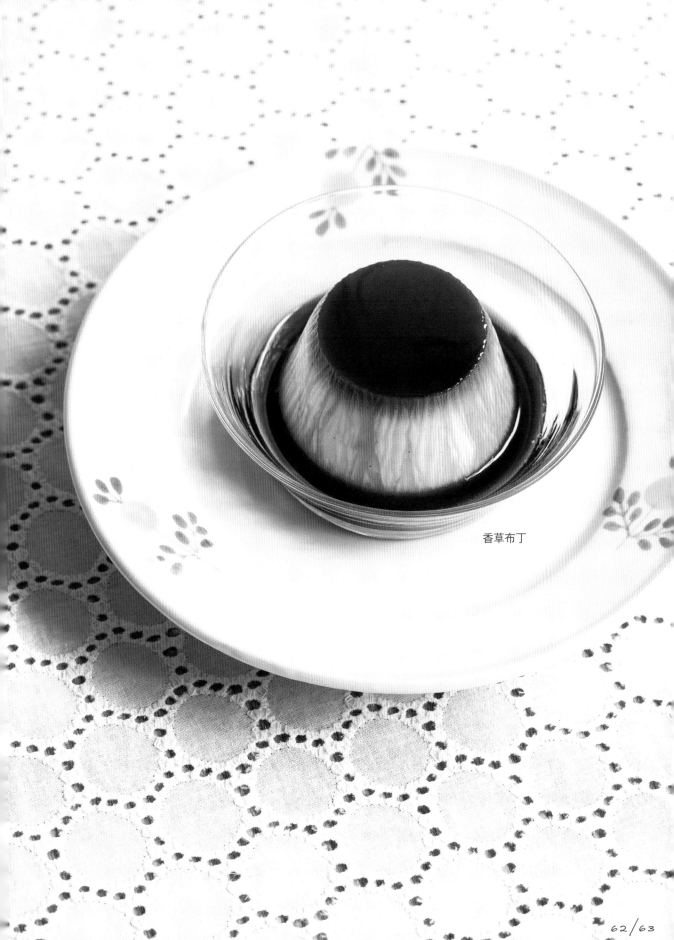

香草布丁

香草布丁

充滿優雅香草甜美香氣的幸福味道。

綿密滑順的濃醇口感和帶有些許苦澀的焦糖醬，

兩者搭配得十分協調。

● 材料（容量 120cc 的鋁箔杯 6 個分量）

a｜豆漿…400g
　　米飴…45g
　　楓糖漿…45g
　　甜菜根糖…35g
　　寒天粉…2g
　　香草豆莢…2 cm

b｜豆漿…100g
　　玉米澱粉…9g

太白胡麻油…35g
洋酒（白蘭地）…少許
＊焦糖醬…48g

● 事前準備工作

・鋁箔杯中各倒入 8g 焦糖醬，置於冷凍庫
　20 ～ 30 分鐘使其凝固。

・用剪刀縱向剪開香草豆莢。

※ 這次書中收錄的布丁食譜，無論使用哪一種
　模具製作，同樣都是 6 個鋁箔杯的分量。

1

a 材料倒入單柄鍋中，以中火加
熱。加熱過程中用橡皮刮刀攪拌。

2

沸騰後再倒入寒天
粉和米飴，確實攪
拌使其溶解。

沸騰過程中鍋裡冒出許多泡泡時，
先暫時關火。

3

b 材料倒入鋼盆中，用打蛋器確實
攪拌均勻。

4

將 3 倒入 2 裡面，再次以中火加
熱，同樣使用橡皮刮刀輕輕攪拌。

5

呈現有點黏稠的狀態，再次煮沸至
表面冒泡即關火。靜置一旁稍微放
涼。

6

善用果汁機，製作
綿密且滑順的布丁
液。

暫時移除香草豆莢，然後倒入裝有
太白胡麻油的果汁機中，壓住蓋子
攪拌 30 秒。注意不要燙傷。

7

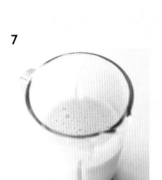

太白胡麻油完全融合，表面起泡的狀態。

8

將攪拌均勻的液體過篩至鋼盆中。步驟 **6** 中移除的香草豆莢也一併放入篩網，用橡皮刮刀輕輕摩擦，好讓細小種子過篩至鋼盆裡。

9

稍微放涼再倒入，可以避免布丁液和焦糖醬混合在一起。

加入洋酒拌勻，稍微置涼。均勻倒入裝有焦糖醬的鋁箔杯中，置於冷藏室 2 小時左右。

使用附蓋的鋁箔杯製作布丁。本書使用的是非常適合送禮的「cotta」（P.92）「圓形鋁箔杯407」（杯體與蓋子分開販售）。

米飴是高黏度的甜味劑。因為比較黏，建議不要將容器蓋子用力旋緊，以利下次使用時方便開啟。

可以使用任何耐熱容器。若使用一般布丁模，建議用拇指輕壓一下麵團與模具之間，留下一些空隙以利脫模。

＊ 焦 糖 醬

●材料（容易製作的分量）
甜菜根糖…90g
水…30g＋60g

以香草豆莢強調香草的甘甜香氣。若沒有香草豆莢，可以在洋酒中添加些許香草精。

1

將甜菜根糖和 30g 水倒入單柄鍋中，以大火加熱。加熱過程中以橡皮刮刀攪拌且搖晃鍋子，直到甜菜根糖完全溶解。

3

慢慢加入 60g 水，小心不要讓滾燙的焦糖四處飛濺。

2

整體呈褐色且稍微開始冒白煙時立即關火。

4

以小火再次煮到沸騰，放涼後再使用。放入乾淨的密封容器中，可以冷藏保存 1 星期左右。

p u d d i n g

Dragon Michiko

純素布丁

美味的祕訣

◎透過玉米澱粉和寒天使布丁凝固

不使用雞蛋的純素布丁，該如何使布丁凝固呢？訣竅在於寒天和玉米澱粉。

單使用寒天，容易因為口感較硬而少了布丁該有的Q彈柔軟，

所以搭配玉米澱粉一起使用，不僅幫助凝固，更增添布丁原有的口感。

◎透過太白胡麻油和楓糖漿補足濃郁感

以太白胡麻油來表現蛋黃脂質帶來的濃郁。

另外，甜菜根糖的甜味過於清爽，

所以透過楓糖漿來補足甜味層次。

◎果汁機攪拌增添滑順與鬆軟

使用果汁機確實攪拌，

增添滑順與鬆軟口感。

◎米飴是「雞蛋感」的關鍵

米飴的主要原料是白米，在麥芽的糖化作用下製作成黏度較高的傳統甘味料。

高黏度使布丁液保留鬆軟感。

另一方面，較為傳統的甜味帶有近似雞蛋所具有的獨特味道，可說是打造雞蛋風味的關鍵所在。

◎焦糖和香草占有一席重要地位

甘甜的香草香氣和略帶苦澀的焦糖醬，是打造布丁口感、味道的重要元素。

讓我們一起來製作充滿濃郁香氣的布丁。

香草豆莢原本只用於以香草香氣為主角的「香草布丁」，

但沒有用完的情況下，也可以活用在其他風味的布丁中。

以香草豆莢取代香草精的詳細使用方法請參照 P.64 的食譜。

抹茶布丁

抹茶的苦澀味充滿成熟韻味。
可以多增加 2g 的抹茶，讓味道更濃郁。

● 材料（容量 120cc 的鋁箔杯 6 個分量）

a | 豆漿…400g
　| 米飴…45g
　| 楓糖漿…45g
　| 甜菜根糖…35g
　| 寒天粉…2g

b | 豆漿…100g
　| 玉米澱粉…9g

c | 抹茶…7g
　| 甜菜根糖…3g
　| 溫水…12g
　| 太白胡麻油…35g

d | 洋酒（白蘭地）…少許
　| 香草精…少許

＊焦糖醬（P.65）…48g

● 事前準備工作

‧鋁箔杯中各倒入 8g 焦糖醬，置於冷凍庫 20～30 分鐘使其凝固。

‧用溫水溶解 c 材料中的抹茶、甜菜根糖，然後和太白胡麻油混合在一起，倒入果汁機中攪拌均勻備用。

● 製作方法

1 a 材料倒入單柄鍋中，以中火加熱。加熱過程中用橡皮刮刀攪拌，沸騰後即關火。

2 b 材料倒入鋼盆中，用打蛋器確實攪拌均勻。倒入 **1** 裡面，再次以中火加熱，同樣使用橡皮刮刀輕輕攪拌。

3 呈現有點黏稠的狀態，再次煮沸後即關火。稍微置涼後倒入裝有 c 的果汁機中，攪拌 30 秒左右。

4 過篩至鋼盆中，加入 d 一起攪拌。稍微置涼後均勻倒入鋁箔杯中，置於冷藏室 2 小時左右。

南瓜布丁

使用鬆軟的南瓜製作布丁。
這次改用大烤皿,想吃多少拿多少。

● 材料(容量約 750cc 的琺瑯烤皿 1 個分量)

a | 南瓜…淨重 70g
  太白胡麻油…30g
  豆漿…360g
  米飴…42g
  楓糖漿…42g
  甜菜根糖…30g
  寒天粉…2g

b | 豆漿…90g
  玉米澱粉…8g

c | 洋酒(白蘭地)…少許
  香草精…少許

＊焦糖醬(P.65)…48g

● 事前準備工作

・琺瑯烤皿中倒入焦糖醬,置於冷凍庫 20 ～ 30 分鐘使其凝固。

● 製作方法

1 南瓜削皮切成薄片銀杏葉狀,放入裝有熱太白胡麻油的單柄鍋中,拌炒至整體裹上熱油,接著放入 a 的其他材料,以中火加熱的同時,使用橡皮刮刀攪拌。沸騰且南瓜熟透後關火。

2 b 材料倒入鋼盆中,用打蛋器確實攪拌均勻。倒入 1 裡面,再次以中火加熱,同樣使用橡皮刮刀輕輕攪拌。

3 呈現有點黏稠的狀態,再次煮沸後即關火。稍微置涼後倒入果汁機中攪拌 30 秒左右。

4 過篩至鋼盆中,加入 c 一起攪拌。稍微置涼後倒入琺瑯烤皿中,置於冷藏室 2 小時左右。

※ 可以使用豆漿鮮奶油(市售)、肉桂粉、紅胡椒粒、迷迭香等裝飾點綴。

巧克力布丁

帶有些許苦澀可可風味的布丁。
以玻璃杯作為模具，完成後可以直接享用。

● 材料（容量約 150cc 的耐熱玻璃杯 6 個分量）

a | 豆漿…400g
　| 米飴…45g
　| 楓糖漿…45g
　| 甜菜根糖…40g
　| 可可塊（P.41）…25g
　| 寒天粉…2g

b | 豆漿…100g
　| 可可粉…15g

太白胡麻油…35g
洋酒（白蘭地）…少許
香草精…少許
＊焦糖醬（P.65）…48g

● 事前準備工作＆製作方法

・同「香草布丁」（P.63）的製作方法，但不添加香草豆莢，
　而是添加洋酒和香草精。

※ 可以使用豆漿鮮奶油（市售）、柳橙、藍莓、開心果、胡椒薄荷等裝
　飾點綴。

chapter 4

餅乾

cookie

美味的祕訣

◎突顯主角的存在

想讓簡單的餅乾令人留下深刻印象，訣竅在於突顯作為主角的元素。

以「杏仁餅」為例，主角並非杏仁粉，

而是將整顆杏仁連皮一起烘烤，然後於製作餅乾之前再研磨成粉。

增加並突顯杏仁的香氣，才能大幅提升滿足感。

◎打造愉快的口感

口感是餅乾的一大魅力。

壓模後的餅乾厚度約 4 mm，咬起來最為脆、硬、鬆、酥。

另外，雪球餅乾入口即化，燕麥餅乾酥脆爽口。

請大家盡情享受餅乾的各種豐富口感。

◎用厚塑膠袋輔助揉捏展延麵團

這次書中介紹的壓模餅乾，麵團質地非常柔軟，

但只要裝進厚塑膠袋中，便能輕鬆揉捏展延。

減少雙手觸碰麵團的次數，出爐後的餅乾狀況也會更好。

◎壓模餅乾的麵團

壓模餅乾的麵團事先冷凍，壓模時更加容易。

添加太白胡麻油的麵團非常柔軟，置於冷藏室不容易變硬，

所以訣竅在於放置冷凍庫中變硬。

Dragon
Michiko

杏仁餅乾

基本
杏仁餅乾

研磨後的帶皮杏仁是主角。
不僅有清脆口感，
嘴巴裡還充滿濃郁的杏仁香氣和層次感。

● 材料（直徑 6 cm 的壓模模具，
　　約 18 片分量）

a | 低筋麵粉…110g
　　| 杏仁（帶皮）…40g
　　| 鹽…1g

b | 太白胡麻油…40g
　　| 豆漿…30g
　　| 甜菜根糖…40g
　　| 香草精…少許

● 事前準備工作

・將杏仁放入烤箱以 160℃ 烘烤 10 分
　鐘。

・步驟 **10** 中自冷凍庫取出麵團後，將
　杏仁鋪於烤盤上，再次放入烤箱以
　155℃ 加熱一下。

1

瞬間充滿杏仁香氣！

用食物調理機將烘烤過的杏仁研磨
成細小顆粒。研磨成粗顆粒也 OK。

2

1 和 **a** 混合在一起，過篩至鋼盆
裡。殘留於篩網上的杏仁也全部倒
入鋼盆中。

3

取另外一只鋼盆，依序倒入 **b** 材
料，並使用打蛋器攪拌均勻。攪拌
至甜菜根糖完全溶解，油脂變白就
OK 了。

4

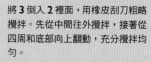

特別注意過度攪拌易
使口感變硬。

將 **3** 倒入 **2** 裡面，用橡皮刮刀略略
攪拌。先從中間往外攪拌，接著從
四周和底部向上翻動，充分攪拌均
勻。

5

攪拌至粉狀感消失，整體均勻為
止。接著將麵團裝入厚塑膠袋中。

6

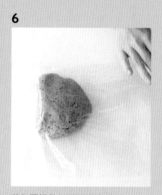

將麵團橫放至塑膠袋底部。

7

用擀麵棍先壓平後再開始展延。

於麵團兩側各擺放一支 4 mm 厚度的定位尺。使用擀麵棍將麵團展延至塑膠袋底部的角落。

8

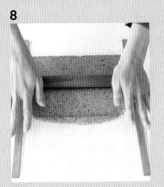

接著將塑膠袋底部移至身體側。同樣將定位尺置於兩側，然後沿著塑膠袋左右側展延麵團。

9

麵團非常柔軟，置於冷凍庫中使其變硬，方便稍後壓模。

前後轉動兩次，使薄麵團可以均勻烘烤。

將塑膠袋換個方向，同樣用擀麵棍展延麵團，使整體厚度皆為 4 mm。結束後將麵團置於托盤上，放入冷凍庫中 30 分鐘以上。

10

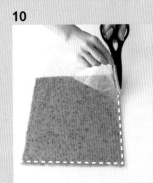

取出 **9**，將塑膠袋開口朝向自己。用剪刀剪開塑膠袋，讓麵團維持片狀。

11

以模具壓模並整齊排列於烤盤上。剩下的麵團再次擀成厚度 4 mm 片狀，同樣以模具壓模。

12

放入烤箱以 155℃烘烤 8 分鐘，烤盤前後對調再烘烤 4 分鐘。出爐後擺在網架上置涼。

[方 便 的 小 工 具 1]

材質較厚的塑膠袋

展延麵團時所使用的塑膠袋規格為 34 cm ×23 cm，厚度 0.03 mm 的 12 號袋。大小適中且具有一定厚度，擀麵時不容易破裂。方便處理麵團，也不需要額外使用手粉，事後整理更是簡單。製作司康（P.80～P.87）時也同樣使用這款塑膠袋。

[方 便 的 小 工 具 2]

定 位 尺

將定位尺置於麵團兩側，再以擀麵棍從上方滾動的方式將麵團擀成適合的均勻厚度。沒有定位尺也沒關係，只是有的話可以增加美觀。一般烘焙材料行都買得到定位尺，但本書所使用的是筆者於「東急手創館」購得的檜木棍，由於厚度適中，才會以檜木棍取代定位尺。

巧克力餅乾

製作方法同「杏仁餅乾」（P.71）。
使用可可粉和熟可可粒打造強烈又濃郁的可可風味。

材料（直徑 6 cm 的壓模模具，約 18 片分量）

a 低筋麵粉…100g
　杏仁（帶皮）…30g
　可可粉…10g
　熟可可粒…8g
　鹽…1g

b 太白胡麻油…40g
　豆漿…35g
　甜菜根糖…50g
　香草精…少許

● 事前準備工作＆製作方法

同「杏仁餅乾」（P.71）。

添加於麵團中更能突顯黑巧克力風味，以及酥脆的口感。如果不容易取得熟可可粒，可改用巧克力代替。

核桃芝麻餅乾

狀似芝麻球的外觀別具一格。搭配同樣具有濃郁香氣的食材。
麵團類型同「雪球餅乾」（P.76）。

● 材料（約 32 個分量）

a 低筋麵粉…110g
　 核桃…25g
　 水洗芝麻（黑和白）…共計 5g
　 玉米澱粉…10g
　 甜菜根糖…40g
　 鹽…1g

b 太白胡麻油…50g
　 豆漿…18g
　 香草精…少許

水洗芝麻（裝飾用。黑和白）…計約 40g

● 事前準備工作

· 使用食物調理機將核桃和芝麻（裝飾用除外）攪細碎（還不到粉末狀態）。
· 烤盤上鋪一張烘焙紙。
· 烤箱預熱 150℃。

● 製作方法

1 a 材料過篩至鋼盆裡，加入 b 材料後用橡皮刮刀粗略攪拌。搓成圓球狀，1 顆約 8g。

2 裝飾用的水洗芝麻倒入鋼盆裡混合在一起。依序將 6～10 顆的 **1** 放入鋼盆裡，輕輕搖晃鋼盆讓芝麻裹住圓球麵團，不好操作時，可以用手加以輔助。裹好芝麻後排列於烤盤上。

3 放入預熱 150℃的烤箱中烘烤 8 分鐘，烤盤前後對調再烘烤 8 分鐘，再次對調烤盤後烘烤 4 分鐘。

雪球餅乾

草莓雪球餅乾

雪球餅乾

酥脆、蓬鬆、柔軟的口感讓人無法抗拒。
口中留下久久不散的核桃香氣與甜菜根糖的溫和甘甜。

● 材料（約 28 個分量）

a 低筋麵粉…110g
　杏仁粉…10q
　核桃…20g
　玉米澱粉…10g
　甜菜根糖…15g
　鹽…1g

b 太白胡麻油…50g
　豆漿…10g
　香草精…少許

c 甜菜根糖…60g
　玉米澱粉…3g

● 事前準備工作

・使用食物調理機將核桃攪細碎（還不到粉末狀態）。
・c 食材混合在一起。
・烤盤上鋪一張烘焙紙，烤箱預熱 150℃。

將甜菜根糖（和玉米澱粉混拌在一起）均勻沾裹於麵團上的訣竅是不要一次全部倒進去，而是分批且重複操作 2 次。另外，在麵團尚未完全變冷前沾裹甜菜根糖也是祕訣之一。

● 製作方法

1 a 材料過篩至鋼盆裡，加入 b 材料後用橡皮刮刀粗略攪拌。
2 搓成圓球狀，1 顆約 8g，排列於烤盤上。放入預熱至 150℃的烤箱中烘烤 8 分鐘，烤盤前後對調再烘烤 4 分鐘，靜置一旁放涼。
3 將一半分量的 c 倒入鋼盆裡，依序放入 6～10 顆的 2 輕輕搖晃，使其確實沾裹。將剩餘的 c 倒入鋼盆裡，依剛才的步驟再重複一次。不好操作時，可以用手輔助。

草莓雪球餅乾

淡淡的夢幻粉紅色搭配草莓的酸甜滋味。
同白色雪花餅乾都是冬季最受歡迎的甜點。

● 材料（約 28 個分量）

基本上和「雪球餅乾」相同，但 a 的玉米澱粉改為 3g，並且在 a 材料中添加草莓粉（冷凍草莓）3g。另外，c 材料中的玉米澱粉改為 2g，並且在 c 材料中添加草莓粉（冷凍草莓）2g。

● 事前準備工作 & 製作方法

同「雪球餅乾」。

燕麥餅乾

不僅口感酥脆，還能品嚐各種食材的好滋味。

不使用模具壓模，而是採用滴落方式成型。

以茶匙舀起麵團置於烤盤上時，以稍微平放的方式擺放，因為表面積愈大，口感會愈酥脆

🌑 材料（約 19 個分量）

a		b	
椰子粉…10g		太白胡麻油…30g	
腰果…10g		豆漿…10g	
橙皮（或檸檬皮）…10g		楓糖漿…20g	
蔓越莓乾…10g		香草精…少許	
紅胡椒粒…約 18 粒			
白荳蔻粉		c 燕麥片…60g	
（或肉桂粉）…少許		低筋麵粉…20g	
洋酒（柑曼怡香橙干邑甜酒等）…5g		甜菜根糖…10g	
		鹽…1g	

使用又甜又軟的印度產腰果，充滿濃濃夏季風情。包含堅果在內，材料可以隨著季節更迭而改變

🌑 事前準備工作

・腰果、橙皮、蔓越莓乾切成粗粒。將其他 a 材料放入鋼盆裡混合在一起，靜置 1 小時左右。
・烤盤上鋪一張烘焙紙。
・烤箱預熱 140℃。

🌑 製作方法

1 c 材料過篩至 a 材料裡面，加入 b 材料後用橡皮刮刀粗略攪拌。

2 用湯匙舀起每匙 10g 左右的麵團置於烤盤上。

3 放入預熱 140℃的烤箱中烘烤 10 分鐘，烤盤前後對調再烘烤 10 分鐘，再次對調烘烤 4 分鐘。

白荳蔻帶有清爽香甜味。我習慣將白荳蔻研磨成粉（照片），大家也可以直接使用市售的白荳蔻粉。不易取得的情況下，可以改用肉桂，或者都不使用

紅胡椒粒帶有清淡的香料味和酸甜味，烘烤後依然會保留原有的色彩

chapter 5

司康
s c o n e

美味的祕訣

◎透過全麥麵粉突顯麵粉風味

司康是一種能細細品味麵粉美味的甜點。
在低筋麵粉中添加全麥麵粉以突顯粉類風味，
同時也強調香氣與酥脆口感。

◎製作壓模司康和滴落式司康

本書將為大家介紹壓模司康和簡單的滴落式司康2種。
（滴落式司康指的是英國傳統的小鬆餅，但本書指的是沒有具體形狀，
用湯匙直接舀起麵團滴落於烤盤上烘烤的滴落式司康。）
每道食譜都適用於這二種形式的司康，
若想改變司康外形，請參考其他形狀的司康食譜。
另外，使用的材料比較大的情況下，製作成滴落式司康會比較容易。

◎製作壓模司康時，將麵皮重複摺疊成三摺

由於麵團非常柔軟，剛揉好時容易沾黏，
但隨著重複數次的展延與摺疊成三摺，麵團會慢慢變滑順。
如同製作壓模餅乾，
善用厚塑膠袋可以使揉麵團作業變得更加輕鬆且簡單。

◎製作壓模司康時，麵團先置於冷凍庫備用

製作壓模司康時，先將麵團置於冷凍庫使其變硬。切記不是冷藏室。
充分變硬後，脫模時才不會造成剖面塌陷，
烘烤後也才會順利向上膨脹。
用手對半剝開時，便能看到漂亮的「狼口」
（烘烤後於側面形成的裂痕）。

原味司康

基本

原味司康

具有酥脆口感，同時又能品味麵粉的好滋味。
接下來為大家介紹形狀最正統的壓模司康。
P.85 和 P.87 的製作方法也適用於滴落式司康。

● 材料（（直徑 5cm 壓模模具，
　　約 9 個分量）

a │ 低筋麵粉…240g
　　　全麥麵粉…60g
　　　甜菜根糖…45g
　　　發粉…10g
　　　鹽…2g

太白胡麻油…75g
豆漿…130g

● 事前準備工作

・將厚塑膠袋（P.73）的開口朝向自己，
　用剪刀剪開單側長邊及延續的短邊，
　使塑膠袋變成一大片。

・步驟 **12** 中自冷凍庫取出麵團後，於烤
　盤上鋪一張烘焙紙，烤箱預熱 160℃。

※ 請參照 P.73 的定位尺使用方式。製作壓模
　司康的情況下，於延展麵團的時候左右側各
　擺放 1 支 1cm 厚的定位尺，於壓模的時候左
　右側各堆疊 3 支 1cm 厚的定位尺。

1

a 材料過篩至鋼盆裡。殘留於篩網
上的全麥麵粉也全部倒入鋼盆裡。

2

加入太白胡麻油，以單手抓握方式
混合粉類。混合至一定程度後，改
用雙手手指搓揉方式攪拌至呈粗沙
狀。

3

特別注意過度攪拌
易使口感變硬。

呈粗沙粒狀時，加入一半分量的豆
漿，用單手粗略拌勻。加入剩餘的
豆漿，用單手從底部翻動的方式攪
拌均勻。

4

殘留一些粉狀感就 OK 了。塑膠袋
橫著擺放，用刮板等將 **3** 置於塑膠
袋的左半邊，然後將右半邊塑膠袋
覆蓋於 **3** 上面。

5

改將塑膠袋折痕的那一端朝向自
己。並於麵團兩側各擺放 1 支 1cm
厚的定位尺。接著使用擀麵棍將麵
團壓平並展延成 1cm 厚。

6

撕開塑膠袋，將麵團摺疊成 3 摺。

7

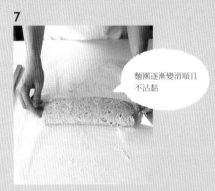

麵團逐漸變滑順且不沾黏

再次蓋上塑膠袋,重複 **5〜6** 的步驟,並且同樣摺疊成 3 摺。

10

將麵團連同塑膠帶縱向擺放。在麵團的兩端,各自從上下左右朝內側擠壓。然後蓋上塑膠袋。

13

剩餘的麵團再次揉成一團,同樣展延並摺疊成 3 cm厚,然後再次壓模。放入預熱 160℃的烤箱中烘烤 11 分鐘,烤盤前後對調再烘烤 12 分鐘。

8

拉起塑膠袋的左右兩側,將麵團朝中央摺疊成 3 摺。

11

壓平後放入冷凍庫。壓模時會更加輕鬆且容易

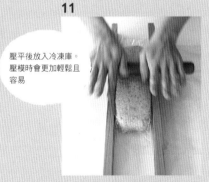

在麵團左右兩側各堆疊 3 支 1 cm厚的定位尺,使用擀麵棍將麵團壓平並展延成 3 cm厚。擺放於托盤上,放入冷凍庫裡 30 分鐘以上。

風味濃郁且側面形成漂亮的裂痕「狼口」,淋上楓糖漿也十分美味。適合作為拉開一天序幕的早餐。

9

再次蓋上塑膠袋,重複 **5〜6** 的步驟,並且同樣摺疊成 3 摺。

12

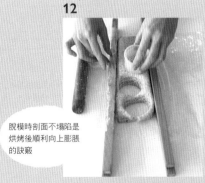

脫模時剖面不塌陷是烘烤後順利向上膨脹的訣竅

自冷凍庫中取出麵團,同 **11** 的步驟壓平並撕掉塑膠袋。將定位尺置於麵團兩側,並且使用模具壓出圓形,整齊排列於烤盤上。

紅茶桑特醋栗果乾
滴落式司康

椰子司康

紅茶桑特醋栗果乾滴落式司康

只需要一個鋼盆，不需要任何塑型過程，便能輕鬆完成滴落式司康。
依照個人喜好挑選紅茶，而嘗試使用其他種類的茶葉應該也會很有趣。

◉ 材料（約 9 個分量）

a | 低筋麵粉…240g
　| 全麥麵粉…60g
　| 甜菜根糖…45g
　| 發粉…10g
　| 紅茶茶葉（格雷伯爵茶等）…4g
　| 鹽…2g

太白胡麻油…75g

豆漿…135g

桑特醋栗果乾…40g

◉ 事前準備工作

‧紅茶茶葉研磨成細粉（茶包等茶葉若本身是細粉，則直接使用）。

‧步驟 4 中自冷藏室取出麵團後，於烤盤上鋪一張烘焙紙，烤箱預熱 160℃。

◉ 製作方法

1 a 材料過篩至鋼盆中。加入太白胡麻油後，用單手抓握方式混合粉類，混合至一定程度後，改以雙手手指搓揉的方式攪拌至呈粗沙狀。

2 先添加一半分量的豆漿，用單手粗略攪拌成一團。加入桑特醋栗果乾後使用刮板以拌切方式攪拌均勻。

3 用保鮮膜包住鋼盆，置於冷藏室 30 分鐘以上。

4 使用湯匙舀起 3 並置於烤盤上（請參照 P.87），一匙約 65～70g。放入預熱 160℃的烤箱中烘烤 11 分鐘，烤盤前後對調再烘烤 12 分鐘。

桑特醋栗果乾是顆粒較小且風味濃郁的葡萄乾，和紅茶香氣的契合度極高。也可以使用一般切碎的葡萄乾

椰子司康

椰子細粉增添一絲淡淡的清甜香味和酥脆口感。
麵團不易沾黏，而且容易壓模。

◉ 材料（直徑 5 cm 壓模模具，約 9 個分量）

a | 低筋麵粉…240g
　| 全麥麵粉…60g
　| 椰子粉…45g
　| 甜菜根糖…45g
　| 發粉…10g
　| 鹽…2g

太白胡麻油…75g

豆漿…135g

楓糖漿（依個人喜好添加）…視情況添加

◉ 事前準備工作 & 製作方法

同「原味司康」（P.81）。想讓司康更顯油亮光澤，可於烘烤前在麵團上薄薄塗刷一層楓糖漿。

一般甜點會於麵團表面塗刷蛋液，但本書改用楓糖漿（P.90）。用刷子於表面薄薄塗刷一層，讓出爐的司康油亮有光澤

※ 左側照片中有 2 種司康、楓糖漿、草莓果醬（P.51）、豆漿鮮奶油（市售）、百里香。盡情享受各種搭配所帶來的樂趣。

巧克力核桃
滴落式司康

玉米粉司康

巧克力核桃滴落式司康

招牌食材組合打造休閒甜點滴落式司康。
大量巧克力和核桃增添酥脆感，突顯外酥內鬆的口感。

● 材料（約 9 個分量）

a 低筋麵粉…240g
  全麥麵粉…60g
  甜菜根糖…45g
  巧克力…20g
  核桃…25g
  發粉…10g
  鹽…2g

太白胡麻油…75g
豆漿…135g

● 事前準備工作

·將核桃放入烤箱中以 160℃烘烤 10 分
 鐘，切粗粒備用。
·巧克力也切粗粒備用。
·步驟 4 中自冷藏室取出麵團後，於烤盤
 上鋪一張烘焙紙，烤箱預熱 160℃。

● 製作方法

1 a 材料過篩至鋼盆中。加入太白胡麻油
  後，用單手抓握方式混合粉類，混合至一
  定程度後，改以雙手手指搓揉的方式攪拌
  至呈粗沙狀。
2 先添加一半分量的豆漿，用單手粗略攪拌
  成一團。使用刮板拌切方式攪拌均勻。
3 用保鮮膜包住鋼盆，置於冷藏室 30 分鐘
  以上醒麵。
4 使用湯匙舀起 3 並置於烤盤上，一匙約
  65 ～ 70g。放入預熱 160℃的烤箱中烘烤
  11 分鐘，烤盤前後對調再烘烤 12 分鐘。

滴落式司康整齊排列於烤盤上，高度
略高於烤盤，出爐時可以看到一顆顆
像是冒出頭般的可愛司康

玉米粉司康

玉米粉的溫潤甜味和顆粒咬感讓人一口接一口停不下來。
果醬和鮮奶油也非常速配，適合作為早餐或下午茶。

● 材料（直徑 5 ㎝壓模模具，約 9 個分量）

a 低筋麵粉…240g
  粗玉米粉…60g
  全麥麵粉…20g
  甜菜根糖…45g
  發粉…10g
  鹽…2g

太白胡麻油…75g
豆漿…135g

● 事前準備工作 & 製作方法

同「原味司康」（P.81）。

玉米粉是使用乾燥的玉米研磨而成。
帶有淡淡的玉米香氣且口感十分溫和

甜　點　筆　記

先備知識讓製作甜點更加輕鬆

◎ 關於享用與保存

蛋糕

出爐後稍微靜置一段時間，待蛋糕穩定後再享用。上午製作，最佳享用時間是下午。用保鮮膜包起來，避免水分流失變乾巴巴，可冷藏保存 2 ～ 3 天，亦可冷凍保存。於恢復至常溫時享用，或者冰冰吃也非常美味。如有例外情況，請詳閱各食譜。

馬芬、司康

最佳享用時間是剛出爐時趁熱吃。放入厚塑膠袋中避免乾燥，置於常溫下保存（食材易腐壞或天氣炎熱時，置於冷藏室保存）。室溫下可保存 2 天左右，也可以冷凍保存。恢復至常溫後，在表面噴些水，然後放入烤箱稍微加熱至接近剛出爐的狀態。

布丁

置於冷藏室剛凝固完全的布丁，風味最新鮮美味。可冷藏保存 2 ～ 3 天。

餅乾

出爐後微溫狀態最美味。放入密封容器中避免受潮，置於常溫下保存，可保存 1 星期左右。

◎ 自製具獨創性甜點！

在製作「磅蛋糕」（P.17）、「原味馬芬」（P.45）和「原味司康」（P.81）的說明中曾提過可以在麵團裡添加自己喜歡的食材，接下來將為大家介紹添加食材的訣竅。食材種類請參閱本書的食譜，盡情享受挑戰與嘗試的樂趣！

磅蛋糕、馬芬

堅果、水果乾、巧克力等乾料會因為容易吸收水分而造成麵團變硬，建議以少量洋酒拌和（淹漬）後再使用。另一方面，新鮮水果等含水量較高的食材容易導致麵團烤焦，可以使用少量甜菜根糖，利用糖滲透壓脫水原理以去掉些許水分；或者將食材和甜菜根糖一起拌炒，讓水分稍微蒸發後再使用。而淹漬液也可以和食材一起倒入麵團中以增加風味。至於果醬和焦糖醬等，由於濃度偏向液體，進而使麵團飽含水分，因此添加量不要過多或搭配乾料食材一起使用。尤其椰子細粉容易吸水，更是建議搭配乾料食材。

原味司康

司康麵團不適合搭配高含水量的食材一起使用。建議直接添加乾料食材。另外，食材顆粒較大易造成麵團的展延性不佳，不容易壓模成型，建議改用滴落方式製作司康。

◎ 方形與圓形模具的烘焙紙鋪法

方形

1

配合模具的底面和側面，剪裁一張稍大尺寸的烘焙紙。將方形模具置於烘焙紙中央。

2

沿著底面壓出摺痕。

3

沿著 **2** 壓出來的折痕，如圖所示地剪開四個角落。

4

再沿著摺痕將烘焙紙鋪於模具中。

圓形

1

配合模具底面的尺寸，將烘焙紙裁切成圓形並鋪於底部。配合側面周長裁切一張寬度略大於模具高度的長條狀烘焙紙（照片中使用2 張長方形烘焙紙拼貼在一起），然後鋪於模具側面。

2

完成。

本書沒有使用圓形蛋糕模，但無論圓形或方形模具，鋪烘焙紙之前可先於模具內側塗刷薄薄一層太白胡麻油，有助於烘焙紙更加服貼。

◎ 其他形狀的模具

17×7× 高 6 cm 的
磅蛋糕模具

直徑 12 cm 的
圓形蛋糕模

口徑 15 cm 的
咕咕霍夫模

曾經登場於蛋糕章節中的 3 種模具，容量幾乎一模一樣，大家可以視個人喜好擇一使用。甜點形象因模具而異，這也是製作甜點的樂趣之一。但使用不同模具時，需要特別留意的細節也不盡相同，例如使用磅蛋糕模具時，放入烤箱之前，基本上必須先於麵團上劃一刀（P.19），使用其餘模具則不需要。改變模具時，請參照使用該種模具的食譜，並且進行適當調整。

◎裝飾與包裝創意

以鮮奶油和水果等裝飾

未經裝飾的外觀雖然也很迷人，但搭配豆漿鮮奶油、冰淇淋或水果等，整體更顯華麗且適合用於招待客人。照片為「鳳梨奶酥蛋糕」（P.30）。溫熱的切片蛋糕，以豆漿鮮奶油、肉桂粉、紅胡椒粒（P.79）、百里香等裝飾。可以購買市售的豆漿鮮奶油（P.92），簡單又方便。

以椰子粉取代糖粉

如「蘿蔔蛋糕」（P.32）中所示範，以椰子粉取代糖粉，撒在蛋糕表面作為裝飾。撒上少量椰子粉既不會額外增加甜度，也不會有過於濃郁的椰子風味。上方照片為撒上椰子粉的「草莓果醬馬芬」（P.50）。在豆漿優格蛋糕（P.36、38）上撒些椰子粉也非常漂亮，但特別留意使用量過多易造成整體粉末感過於強烈。

塗刷楓糖漿增添光澤

如「香蕉蛋糕」（P.26）中所介紹，在剛出爐的蛋糕或馬芬表面塗刷楓糖漿，可以增添油亮光澤。但這個方法不適用於使用咕咕霍夫模烘烤的蛋糕。我們通常會於烘烤面塗刷楓糖漿以打造光澤，但咕咕霍夫蛋糕的烘烤面其實是底部，因此不適用這個方法。另外，也可以將楓糖漿作為「蛋液」使用（P.85）。無論哪一種用途，務必多留意塗刷得愈多，甜度會愈高。

使用紙膠帶封口

取貼有店家標籤的空盒再利用，先於底部擺放乾燥劑，再放入烘烤好的餅乾，最後以紙膠帶密封盒蓋。平時可以多蒐集一些可愛圖案的紙膠帶備用，也可以搭配季節或節慶使用應景的紙膠帶。照片中所使用的是印有聖誕節慶圖案的紙膠帶。

用蠟紙包裝

使用可愛的袋子或盒子包裝切片蛋糕之前，先以蠟紙包裝，不僅能防止油脂滲出，還可以避免蛋糕變乾。底下為大家介紹不同形狀的包裝方式。同樣使用 27×15 cm 大小的蠟紙，並且於對折後使用。

圓形

1

如照片所示，將切片蛋糕置於蠟紙上。

2

沿著蛋糕剖面，將蠟紙向上摺，前端重疊部分折向側邊。

3

完成。未往上摺的部分可於裝袋後再另行折疊調整。

方形　　　　　　　　　　　　　　　　　　　　磅蛋糕形狀

1

如照片所示，將切片蛋糕擺在蠟紙中央。貼著蛋糕剖面，摺起蛋糕對向兩側的蠟紙。

2

如圖所示地將多餘的蠟紙摺疊成三角形。另外一側也是同樣作法。

3

將三角形部分摺疊至底部。

4

完成。

包裝要領同方形蛋糕。

◎ 不使用小麥麵粉、堅果的甜點

本書中有一小部分完全不使用小麥麵粉或堅果的甜點。

不使用小麥麵粉 所有布丁類甜點（P.62～P.69）

※ 米飴的原料是麥芽（大麥）。

不使用堅果（但使用椰子、可可製品）

所有布丁類甜點（P.62～P.69）、「抹茶椰子咕咕霍夫蛋糕」（P.34）、「柳橙豆漿優格蛋糕」（P.36）、「藍莓豆漿優格蛋糕」（P.38）、「古典巧克力蛋糕」（P.40）、「藍莓巧克力蛋糕」（P.42）、「原味馬芬」（P.45）、「草莓果醬馬芬」（P.50）、「地瓜馬芬」（P.52）、「焦糖香蕉馬芬」（P.54）、「咖啡蘭姆葡萄乾馬芬」（P.56）、「草莓巧克力馬芬」（P.58）、「馬鈴薯迷迭香馬芬」（P.60）、「美式鄉村玉米馬芬」（P.60）、「原味司康」（P.81）、「紅茶桑特醋栗果乾滴落式司康」（P.84）、「椰子司康」（P.84）、「玉米粉司康」（P.86）

※ 除上述甜點外，以堅果為配料的甜點（不含麵糊裡添加堅果的種類），可以改用乾燥水果等其他食材來取代，或者直接撒上一些乾燥水果。

使用食材列表

介紹書中食材的主要品牌。

Ⓚ、Ⓣ、Ⓒ符號註記的商品可於下列商店訂購。
Ⓚ…こだわり食材 572310.com(粉に砂糖ドットコム)楽天店
　　（ナチュラルキッチン）https://www.rakuten.ne.jp/gold/nk/
Ⓣ…TOMIZ（富澤商店）https://tomiz.com/
Ⓒ…cotta（コッタ）https://cotta.jp/

粉類、膨脹劑

●低筋麵粉

「低筋麵粉 Farine」
（江別製粉）Ⓚ　※1

●高筋麵粉

「麵包專用小麥麵粉香麥
（春戀）」（江別製粉）Ⓚ

●全麥麵粉

〈使用於馬芬、蛋糕〉

「麵包專用全麥麵粉」
（江別製粉）Ⓚ

〈使用於司康〉

「北海道產全麥麵粉
春戀（石臼研磨）」Ⓣ

●玉米澱粉

「有機玉米澱粉」
（Alishan）

豆漿製品

●發粉

「RUMFORD 發粉（不含鋁）」
（Alishan）Ⓚ、Ⓣ、Ⓒ

●豆漿

「無調整有機豆漿」
（MARUSAN）Ⓒ

●豆漿優格

「原味豆漿優格」
（MARUSAN）

●豆漿鮮奶油

「濃久里夢ほいっぷくれー
る」Ⓒ

油類

●太白胡麻油

「太白胡麻油」
（竹本油脂）Ⓣ、Ⓒ

糖類

●甜菜根糖

「北海道產甜菜根糖粉末」
（山口製糖）Ⓣ

●楓糖漿

〈使用於烘烤類甜點〉

「有機深色楓糖漿／濃味」Ⓚ

〈使用於布丁〉

「有機金色楓糖漿／
細膩口味」Ⓚ

●米飴

「米水飴」（MITOKU）Ⓒ

洋酒

●柑曼怡香橙干邑甜酒

「柑曼怡香橙干邑甜酒
Cordon Rouge」
（DOVER 洋酒貿易公司）Ⓣ、Ⓒ

水果類

●檸檬汁

「有機檸檬原汁 100%」
（BIOCA）Ⓚ、Ⓣ

●桑特醋栗果乾

「有機桑特醋栗果乾」Ⓚ

●蔓越莓乾

「有機蔓越莓乾
（不含砂糖）」Ⓚ

●橙皮

「有機橙皮」Ⓚ

●覆盆子碎粒

「冷凍覆盆子碎粒」Ⓣ

堅果、椰子、芝麻

●杏仁

「有機杏仁果
（卡梅爾種・生果）」Ⓚ

●杏仁粉

「ふわっと芳醇アーモンド
（生果粉末狀）」Ⓚ

●椰奶

「COCOMI 有機椰奶」
（MITOKU）

●椰子細粉

「有機 DESICCATED COCONUT
（細粉）」Ⓚ

●椰子粉

「有機椰子粉」Ⓚ

可可製品

●水洗芝麻

「有機水洗黑芝麻」
「有機水洗白芝麻」（MUSO）

●巧克力

「有機黑巧克力 C61」Ⓚ　※2

●可可塊

「可可塊」Ⓚ

●熟可可粒

「有機熟可可粒」Ⓣ

●可可粉

「有機可可粉 F21」Ⓚ

鹽、辛香料、香料

●鹽

「海精荒鹽」（海精）

●肉桂粉

「有機肉桂粉」
（VOX TRADING）Ⓚ

●香草精

「香草精
（海外有機認証品）」
（Alishan）Ⓚ、Ⓣ、Ⓒ

其他

●抹茶

「森半有機宇治抹茶」
（共榮製茶）

●紅豆粒

「天然美食有機小倉紅豆」
（遠藤製餡）

●蔬菜高湯

「NATURCOMPAGNIE
有機蔬菜高湯（粉末）」
（CHOOSEE）

※1 Ⓣ、Ⓒ是不同商店，但販售同樣品牌的製品。
※2 部分製品含有乳成分（製造工廠製作含有乳成分和小麥的製品）。
※ 出產上列商品的部分製造工廠同時也製作含有蛋、乳成分、小麥、
　花生、蕎麥、蝦蟹等製品。

後記

剛出社會工作時，曾經發生這麼一件事。我打算和前輩做出一模一樣的甜點，但我終究沒有成功。前輩做的甜點不僅閃閃發亮，一同擺在陳列櫃時還優先雀屏中選，被客人打包帶走。這究竟是為什麼呢？我明明那麼努力……。不久後我察覺到一個重點，那就是「不可以將自己的情緒投射在甜點上」。而且從那次之後，我也開始認真面對食材和麵團，皇天不負苦心人，我製作的甜點終於獲得客人的青睞。

製作甜點的過程中，我每每試圖捕捉現場發生的每個瞬間，如此一來，食材和麵團便自然會告訴我下一步該怎麼做。有種自己是自己得力助手的感覺。不需要過度的自我，也不需要拚了命。當然了，在製作之前我也是非常努力思考食譜，在錯誤中磨鍊自己，想像該怎麼做才能讓客人露出滿意的笑容。而一旦開始製作甜點，我便會全神貫注在「現在」。透過美味食譜體會玩味過的食材所製作的甜點，當然好吃又涮嘴。這全是基於對食材和對自己的信任。

而我之所以有這樣的想法，或許是受到演戲經驗的影響。事前一而再再而三排練，一旦正式上場就拋開一切，將全副精神集中於「現在」。製作甜點也是同樣道理。以全新的心情專注於眼前的事，精湛的演技會觸動人心，而甜點則會充滿閃閃發光的能量。

老實說，我經常手忙腳亂到開店前一刻才完成烘烤甜點的作業，這真的不是一件容易的事……（笑）。但我決定以後還是要以這種方式認真面對甜點，努力製作出充滿我個人風格的各式甜點。

好比一隻充滿活力的龍，我希望透過甜點將滿滿的元氣帶給所有客人，以及現在手中拿著這本書的所有讀者。

山口道子

Dragon Michiko ドラゴン ミチコ

東京都武蔵野市吉祥寺本町2-18-7
tel 0422-22-7668
http://www.dragon-michiko.tokyo/
日々の情報は https://www.instagram.com/dragonmichiko.tokyo/

食材協力

・こだわり食材572310.com（粉に砂糖ドットコム）
　楽天店（ナチュラルキッチン）　https://www.rakuten.ne.jp/gold/nk/
・TOMIZ（富澤商店）　https://tomiz.com/
・cotta（コッタ）　https://cotta.jp/

PROFILE

山口道子（Yamaguchi Michiko）

曾任職於咖啡館，負責料理餐點和製作甜點的工作，自2010年起自學製作純素甜點。2013年起的3年間於一家純素甜點咖啡館擔任甜點師傅，並且晉升為店長。2018年1月獨立創業，開設一家專賣純素甜點和咖啡的小咖啡館「Dragon Michiko」。獨創的甜點既清爽又具滿足感，讓不少客人因驚艷而露出燦爛笑容。店裡時常洋溢著一股溫暖氣息，吸引不少忠實顧客再三造訪。

TITLE

純植甜點素學研究室

STAFF		ORIGINAL JAPANESE EDITION STAFF	
出版	瑞昇文化事業股份有限公司	アートディレクション・デザイン	関 宙明（ミスター・ユニバース）
作者	山口道子	撮影	松村隆史
譯者	龔亭芬	編集	萬歳公重
		制作進行	井上美希（柴田書店）
總編輯	郭湘齡		
責任編輯	張聿雯		
美術編輯	許菩真		
排版	曾兆珩		
製版	印研科技有限公司		
印刷	龍岡數位文化股份有限公司		
法律顧問	立勤國際法律事務所　黃沛聲律師		
戶名	瑞昇文化事業股份有限公司		
劃撥帳號	19598343		
地址	新北市中和區景平路464巷2弄1-4號		
電話	(02)2945-3191		
傳真	(02)2945-3190		
網址	www.rising-books.com.tw		
Mail	deepblue@rising-books.com.tw		
初版日期	2022年9月		
定價	360元		

國家圖書館出版品預行編目資料

純植甜點素學研究室/山口道子作；龔亭芬譯. -- 初版. -- 新北市：瑞昇文化事業股份有限公司, 2022.08
96面；19x25.7公分
ISBN 978-986-401-572-6(平裝)

1.CST: 點心食譜 2.CST: 素食食譜

427.16　　　　　　　111010609